REHABILITATION
DEALING WITH HISTORY

REHABILITACIÓN: TRATANDO CON LA HISTORIA

REHABILITATION
DEALING WITH HISTORY

REHABILITACIÓN: TRATANDO CON LA HISTORIA

REHABILITATION. DEALING WITH HISTORY
Copyright © 2015 Instituto Monsa de ediciones

Editor, concept, and project director
Josep María Minguet

Co-author
Octavio Mestre

Design and layout
Carlos Maurette (estudio Octavio Mestre Arquitectos)
Patricia Martínez (equipo editorial Monsa)

INSTITUTO MONSA DE EDICIONES
Gravina 43 (08930)
Sant Adrià de Besòs
Barcelona (Spain)
Tlf. +34 93 381 00 50
www.monsa.com
monsa@monsa.com

Visit our official online store!
www.monsashop.com

Follow us on facebook!
facebook.com/monsashop

ISBN: 978-84-16500-05-5
D.L. B 24633-2015
Printed by Grafo

8   **Offices for Blackwood & Witt**
London, United Kingdom

14   **"Casa Oller "/ Levante Capital Partners Headquarters**
Barcelona, Spain

28   **Rehabilitation of Macaya House and its Interior Patio**
Barcelona, Spain

36   **Mutua Madrileña Headquarters**
Madrid, Spain

46   **Mutua Madrileña Headquarters**
Barcelona, Spain

58   **Octavio Mestre Arquitectos Studio**
Barcelona, Spain

64   **Inmobiliaria Colonial Headquarters**
Barcelona, Spain

72   **Dwelling in Terrassa**
Terrassa, Spain

76   **Auditorium and Education Centre, Winterthur**
Barcelona, Spain

80   **Prosegur Headquarters**
L'Hospitalet de Llobregat, Spain

90   **Diagonal Minerva / "El Palacete"**
Barcelona, Spain

106   **Muebles Tarragona (Conselleria de Treball de la Generalitat)**
Barcelona, Spain

118   **Renovation and Two Floors Adition to a House**
Barcelona, Spain

126   **Olivé Gumà Clinic**
Barcelona, Spain

Introduction

Rehabilitate, in the strict sense of the word, means to *enable again*, to enable once more, just that this time we don't turn back to the past but to the future. This time the end is to guaranty the life of the building in question and frequently implies its complete modernization and sometimes, even shifting its use. Rehabilitate always implies to use a pre-existing building, When we deal with modernist buildings, as Casa Oller de Salvat i Espasa, the Palau Macaya de Puig i Cadafalch or the building where we have our office, Casa Mayol, build for the 1888 exhibition, nobody doubts the importance of the patrimony on which we are intervening. However, patrimony is everything that has been built *(tomorrow's patrimony is what we are building now)* and that is why several interventions are preented, some carried on a Georgian building in London, in several 19th century buildings, some in the Ensanche de Barcelona but also, on "modern" buildings from 50-60s of the past decade, from renowned architects like the Inmobiliaria General headquarters in a building by Busquets, that of the Mutua Madrileña from the Castellana in Madrid by Gutierrez Soto or Winterthur's Auditorium and Training Centre at the L'Illa Diagonal complex by Rafael Moneo and Solà-Morales. In some cases, there are homes that are turned into offices and in others, offices that are turned into houses following market trends; in others, furniture warehouses and old factories are the ones tuned into new corporative headquarters. Sometimes, the rehabilitation includes adding floors, if the legislation allows for a more extensive use as in the case of the Aresa Clinic or the houses at Segur street (while the first is especially careful in its dialogue with what pre-existing elements, in the second there was nothing to talk to). In other cases, the proposal is a complete change in the resulting image, as with the Terrasa's apartments, that will be wrapped on a new wooden skin. Rehabilitation implies, if possible, to work with more respect and as Sainz de Oíza said of the Pyramids of Egypt, *"knock them down only if you are convinced of being able to make something better"*. But as the years go by, one is each time less convinced about less stuff.

Rehabilitar, en el sentido estricto de la palabra, es *habilitar de nuevo*, volver a habilitar, sólo que esa vuelta no es al pasado sino al futuro, una vuelta que garantice la continuidad de la vida del edificio en cuestión y que implica, con frecuencia, su completa modernización y, algunas veces, incluso, un cambio de uso. Rehabilitar implica siempre usar un edificio preexistente. Cuando se trata de edificios modernistas, como la Casa Oller de Salvat i Espasa, el Palau Macaya de Puig i Cadafalch o el edificio en el que tenemos el despacho, la Casa Mayol, construida para la Exposición del 1888, nadie duda de la importancia del patrimonio sobre el que se interviene. Pero patrimonio es todo lo construido *(el patrimonio de mañana es lo que estamos haciendo hoy)* y por eso aparecen intervenciones realizadas en un edificio Georgian en Londres, en diversos edificios del siglo XIX, en el Ensanche de Barcelona pero, también, en edificios "modernos" de los años 50-60 del siglo pasado, de destacados arquitectos, como la sede de Inmobiliaria Colonial, situada en un edificio de Busquets, el de la Mutua Madrileña de la Castellana de Madrid, obra de Gutierrez Soto, o el Auditorio y Centro de Formación de Winterthur, en el complejo de L'Illa Diagonal de Rafael Moneo y Solà-Morales. En algunos casos, hay viviendas que se transforman en oficinas y en otros, oficinas que se transforman en viviendas, según la ley del mercado; en otros son almacenes de muebles o antiguas fábricas las que se convierten en nuevas sedes corporativas. A veces, la rehabilitación incluye remontas, si la normativa urbanística permite un mayor aprovechamiento, como en el caso de la clínica de Aresa o el de las viviendas de la calle Segur (mientras la primera tiene especial cuidado en dialogar con la prexistencia, en la segunda no había nada de qué hablar). En otros casos, se propone un cambio total de la imagen resultante, como en los apartamentos de Terrassa, que se envolverán en una nueva piel de madera. Una rehabilitación implica, si cabe, trabajar con más respeto y, como decía Sainz de Oíza de las pirámides de Egipto, *sólo derribarlas si estás convencido de poder hacer algo mejor*. Y con los años, uno cada vez está convencido de menos cosas.

New Offices for Blackwood & Witt

London, United Kingdom
Arch. Coll: Josep Ribas
Photos ©: O. Mestre

These offices in project occupy an attic at Welbeck St, very near from Oxford Circus. The offices of both companies share reception, secretary, access to the meeting room, to the resting area and the reprography without allowing the access from one company facilities to the other for reasons of privacy. There lies the greatest complication of this project that makes solving the study of the circulations crucial. Blackwood, that takes the biggest part, has to CEOs lying on both ends and separated from the "open space" area through glass sliding doors in order to facilitate the possibility to do group work. The glass panel that separates the corridor from the working area is made of glass with a vinyl that reproduces a distorted company's logo, in an allusion to the Black Forest from where their CEOs are originally from.

Las oficinas proyectadas ocupan un ático en Welbeck St, muy cerca de Oxford Circus. Las oficinas de ambas empresas comparten recepción, secretaria, acceso a la sala de reuniones, a la zona de descanso y a la de reprografía, sin poder acceder cada una a las instalaciones de la otra, por un tema de privacidad. Ahí radica la mayor complicación del proyecto que hace que resolver el estudio de las circulaciones sea crucial. Blackwood, quien ocupa la mayor parte, tiene dos directores situados en ambos extremos, y separados de la zona abierta open space, mediante puertas correderas de cristal a fin de facilitar la posibilidad de trabajar todos en grupo. La mampara de vidrio que separa el pasillo de la zona de trabajo es de cristal con un vinilo que reproduce, distorsionado, el logo de la compañía, en alusión a la selva negra de la que son oriundos sus directores.

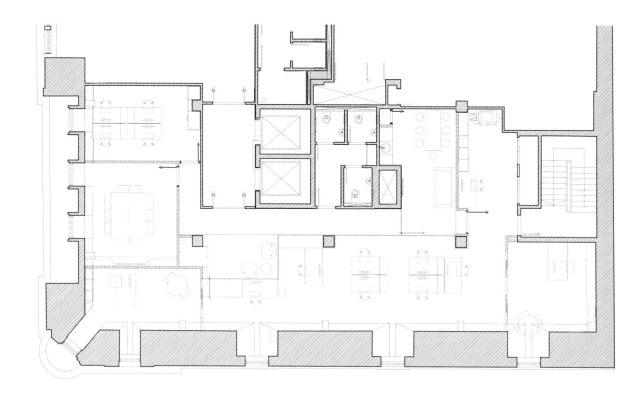

Master plan. After having being working on the proposal for the implantation in the model floor the client decided to move to the attic, what forced him to modify the whole project, given the geometry of the space, partially covered by a mansard roof that gave the wall an unusual thickness.

Planta de conjunto. Tras estar trabajando la propuesta de implantación en la planta tipo, el cliente decidió instalarse en el ático, lo que obligó a modificar todo el proyecto, dada la geometría del espacio cubierto, parcialmente, por la mansarda que daba al muro un espesor inusual.

Images of the reception, presided by a wooden roof canopy that descends and turns into a wardrobe and of the corridor, with the glass wall covered by a high definition vinyl depicting a forest... the vinyl turns more opaque as it reaches the floor, like the denser forest, to guaranty the privacy of the workers while the corridor still receives natural light from the outside.

Imágenes del espacio de recepción, presidido por una marquesina de madera que baja y se trasforma en mueble guardarropía y del pasillo, con la pared de cristal recubierta de un vinilo en alta definición que representa un bosque... El vinilo se vuelve más opaco a medida que llega al suelo, como el bosque más denso, para garantizar la privacidad de los trabajadores, sin que por ello el pasillo deje de recibir luz natural desde la calle.

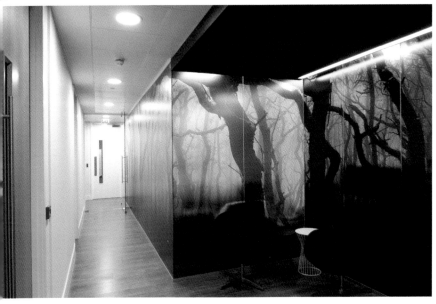

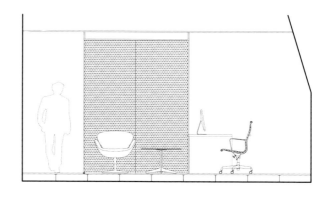

Several transversal sections and images of the "open space" area, with the CEO office at the end. With the end of minimising expenses (rental offices used for a short period of time, and given that in the case of leaving, the false ceiling must be restore to its original state) the existing lamps were only displaced, generating an effect of randomness. The floor is made of synthetic parquet in all rooms, also in the kitchenette. Everything is detachable in order to make it reusable.

Varias secciones transversales e imágenes de la zona *open space*, con el despacho de dirección al fondo. Con el fin de minimizar gastos (las oficinas son de alquiler, por un corto periodo de tiempo, y dado que, en caso de dejarlas, debe de restituirse el falso techo a su estado original) las luminarias son las existentes sólo que se desplazaron, generando un efecto *random* de aleatoriedad. El suelo es de parqué sintético en todas las dependencias, también en la *kitchenette*. Todo es desmontable con el fin de que sea reaprovechable.

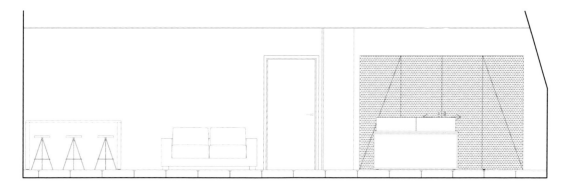

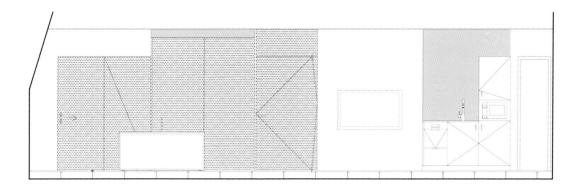

The working desks and chairs chosen by the owners are from the Spanish firm Forma 5. The works were made through the British company Loop that acted as Project Management with its industrial stores. Considering that it's always difficult to work in foreign countries without the complicity of a local team, it is even worst in those where they drove on the left.

Las mesas operativas y las sillas escogidas por la propiedad son de la casa española Forma 5. Las obras se llevaron a cabo a través de la compañía británica Loop quien actuó como Project Management con sus industriales locales. Si siempre es difícil trabajar en otros países sin la complicidad de un equipo local, más lo es aún, en países que conducen por la izquierda.

"Casa Oller" / Levante Capital Partners Headquarter

Barcelona, Spain
Arch. Coll: Carlos Maurette, Guillermo Díaz, Josep Ribas
Photos ©: Guillermo Díaz, O. Mestre

The integral reform intends to recuperate the property modernist elements. Built in 1900 and individually catalogued (glass panels and leaded galleries, wrought iron elements, painting from the period and woodwork); The change in use form homes to offices (Which at the legal level means an "Major work" condition; the addition of a floor, moving back from the perimeter to be used as a business centre to allow for meetings and for room rental, as well as the interior landscape design of the corporative headquarters of Levante Capital Partners, owner of the building, that would occupy the property three floors (or that is what we thought at the moment when the project was being written). With the philosophy of an authentic "3 in 1", the projects intends to provide the building with the safety measures, energetic efficiency and performance that the contemporary legislation prescribes, while adding value to the historical patrimony, an issue for which there is no better solution than using it and updating it.

La reforma integral pretende la recuperación de los elementos modernistas de la finca, construida en 1900 y catalogada individualmente (vidrieras y galerías emplomadas, elementos de forja, pintura y ebanistería de época); el cambio de uso de viviendas a oficinas (lo que, a nivel de normativa, supone su condición de "Obra mayor"; la adición de una planta, retrasada respecto del perímetro, con uso de centro de negocios que permita realizar congresos y alquilar salas, así como el interiorismo de la sede corporativa de Levante Capital Partners, propietarios del edificio, que ocuparía tres plantas de la finca (o eso suponíamos a la hora de redactar el proyecto). Con la filosofía de un auténtico "3 en 1", el proyecto pretende dotar al edificio de las medidas de seguridad, eficiencia energética y prestaciones que prescribe la normativa contemporánea, al tiempo que revalorizar el patrimonio histórico, para lo que no hay mejor solución que usarlo y ponerlo al día.

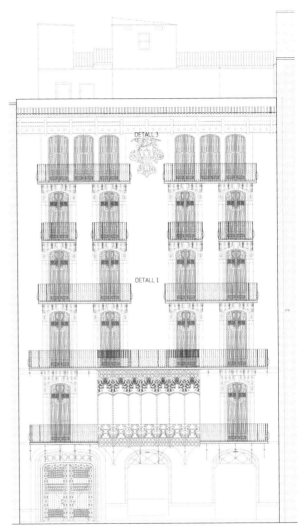

main façade / fachada principal. Gran Via

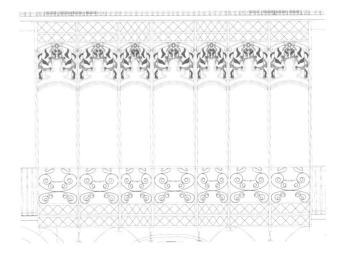

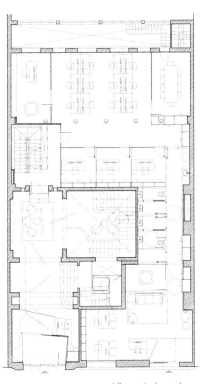

ground floor / planta baja

In the previous page, an image of the façade of the Gran Via of Barcelona, opposite the Ritz Hotel.

Here, in plan elevation, a detail of the main floor enclosed balcony, ground floor and several details, form the modernist façade looking to the street to the sgraffito of the main entrance (ancient coach gate).

En la página anterior, imagen de la fachada a la Gran Vía de Barcelona, frente al Hotel Ritz.

En ésta, alzado, detalle del mirador de la planta principal, planta baja y diversos detalles, tanto de la fachada modernista a la calle, como de los esgrafiados de la entrada principal (antigua entrada de carruajes).

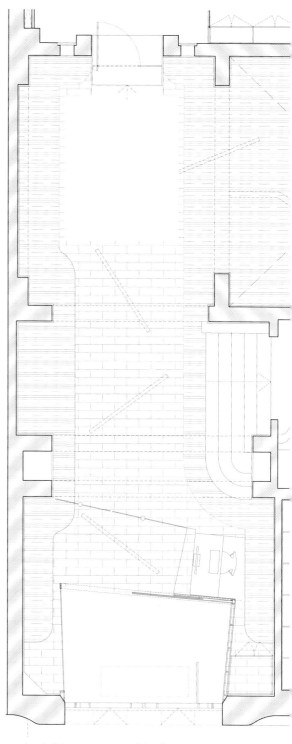

detail of the main access / detalle acceso principal. Gran Vía

3D lobby with the new double door and the furniture of the reception and control. Plan, section and pictures of the stairs at the patio that lead exclusively to the main floor, as it happened with the "noble" houses of the time, a typology that adopts the model of the gothic palaces in Catalonia that Modernism would later recuperate.

3D del vestíbulo, con la nueva doble puerta y el mobiliario de control y recepción. Planta, sección y fotos de la escalera del patio que conduce en exclusiva, a la planta principal, como sucedía en las viviendas "nobles" de la época, una tipología que adopta el modelo de los palacios góticos en Catalunya y que el Modernismo recuperará.

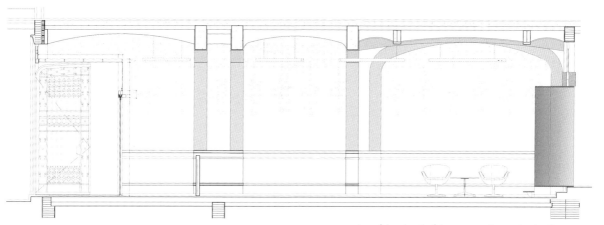

section of the detail of the access / sección detalle acceso

Casa Oller, by Salvat i Espasa is built on the base of the ancient Casa Guasch (1871, a work by the master Eduard Fontserré), an intervention that, on top of defining the new façade looking outside, enlarges the central lights court until it turns it into the heart of the property, changing the access form one side to the other to gain perspective and to give the act of getting in itself a feeling of magnificence. This compensates the square metres lost by enlarging the nave behind, and adding to it the gallery of leaded glass that looks to the block's courtyard.

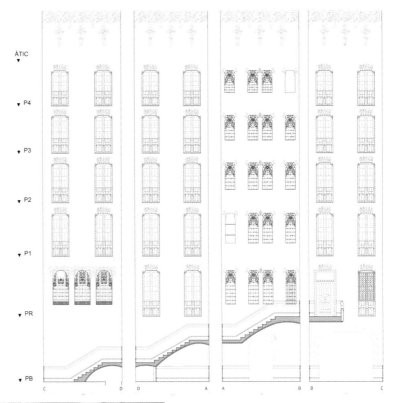

quartering of the interior patio /
despiece patio interior

La Casa Oller, obra de Salvat i Espasa, se construye sobre la base de la antigua Casa Guasch (1871, obra del maestro de obras Eduard Fontseré), una operación que, además de definir la nueva fachada a la calle, amplía el patio de luces central hasta convertirlo en el corazón de la finca, cambia el acceso a un lado para ganar perspectiva y dar magnificencia al ingreso y compensa los m² que pierde ampliando una crujía por detrás, a la que añade la galería de vidrieras emplomadas que da al patio de manzana.

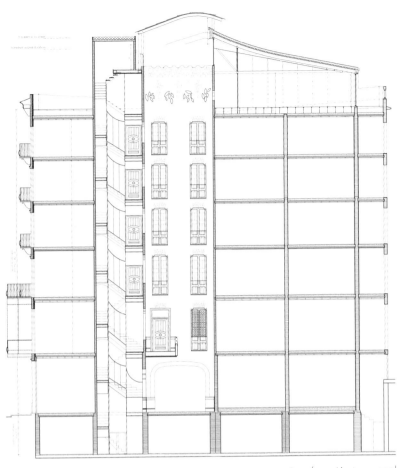

cross section / sección transversal

Current images of the patio, a development of the raising and transversal section, with the new added floor.

Imágenes actuales del patio, desarrollo de los alzados y sección trasversal, con la nueva remonta.

Model floor, showing two units per plant, that goes from the street to the block's courtyard (something that Catalonia we call the "Davant i Darrera" studios) and images of the glass panels that look towards the patio and the backside façade. As it happened at the time, the represented floral models vary, floor by floor, in the same way that nature doesn't make two flowers the same. Who would pay them the boredom of having to make the pieces by hand, all exactly the same, following the same pattern?

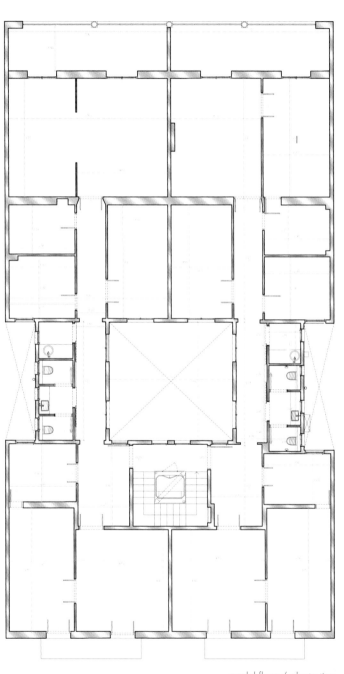

model floor / planta tipo

Planta tipo, que muestra las dos unidades por planta que van desde la calle al patio de manzana, (en lo que se conoce en catalán como pisos de "davant i darrera") e imágenes de las vidrieras que dan a patio y a la fachada de detrás. Como solía ocurrir en la época, los modelos florales representados varían, planta a planta, de la forma en la que la naturaleza no hace dos flores iguales. ¿Quién les pagaba el aburrimiento de tener que hacer a mano, todos los motivos iguales, bajo un mismo patrón?

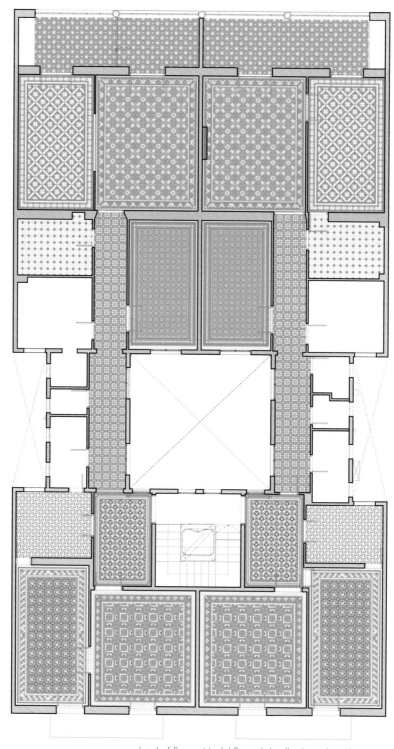

detail of floors. Model floor / detalle de suelos. Planta tipo

The hydraulic mosaics of the Nolla house differ not just from floor to floor, but form room to room. We have made an exhaustive plan research of up to 70 different models, conceived as rugs, framed by wooden perimeters on top of which carpets were stapled on winter times. Only the main floor, paved with wooden marquetry didn´t have those mosaics.

Los mosaicos hidráulicos de la casa Nolla varían, no ya planta a planta si no, sala a sala. Hemos realizado un exhaustivo levantamiento de planos de hasta más de 70 modelos diferentes. Entendidos como alfombras, enmarcados por maderas perimetrales, sobre las que se grapaban las moquetas en épocas invernales. Sólo el Piso de la Planta Principal, solado con marquetería de madera, no disponía de tales mosaicos.

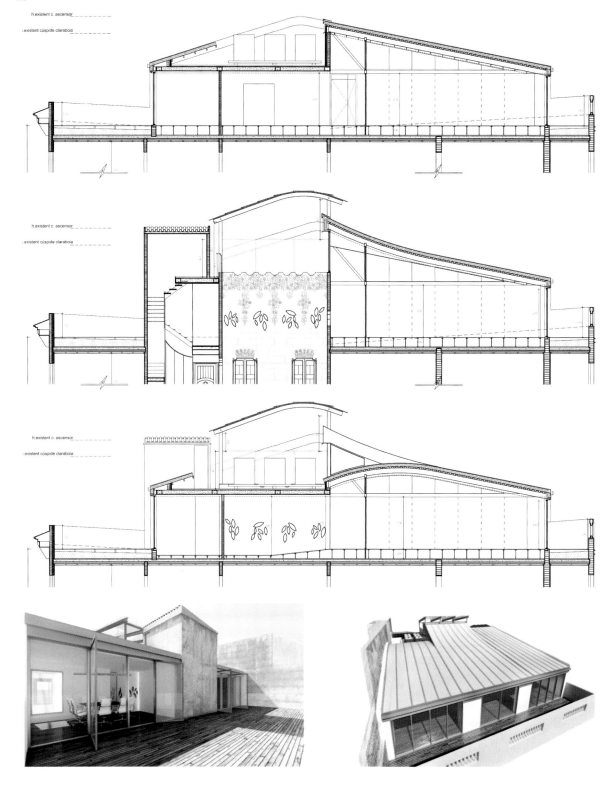

h.existent c. ascensor

existent cúspide claraboia

h.existent c. ascensor

existent cúspide claraboia

h.existent c. ascensor

existent cúspide claraboia

The inclusion of the extra floor is delayed to show respect, beyond what the legislation demands. Taken as a matter of fingers and using as a reference the finishing of Gaudi´s Casa Batlló (another integral renovation of a pre-existing property) but on a contemporary key, the platform its divided into three different sections, coinciding with the sliding panels hanging on large rails that can be arranged so the platform is regarded as an only large space. On the upper part of the modernist patio some openings are made, in the shape of leaves so, without forsaking the floral motives, the possibility of crossing looks with history never stops being on sight.

La remonta se retrasa como muestra de respeto, más allá de que lo exija la normativa. Entendida, a modo de dedos y teniendo como referencia el remate de la Casa Batlló de Gaudí (otra renovación integral de una finca preexistente) pero, en clave contemporánea, la cubierta se divide según tres secciones diferentes, coincidiendo con las mamparas correderas suspendidas de grandes raíles que pueden disponerse, de manera que la cubierta se entienda como un único gran espacio. En la parte superior del patio modernista se practican unas aberturas, en forma de hojas, para, sin abandonar los motivos florales, que nunca se pierda la posibilidad de vistas cruzadas con la historia.

Rehabilitation of Macaya House and its Interior Patio

Barcelona, Spain
Arch. Coll: Francesco Soppelsa, Josep Ribas, Manu Pineda
Photos ©: O. Mestre, Manu Pineda

Any heritage disused deteriorates. Abandoned things age faster than those that are used. With the intention of recovering its former headquarters at Palau Macaya, built by Puig i Cadafalch in the early twentieth century, the "Fundación La Caixa" hoped to reoccupy what was once its home until just 20 years ago and free up several thousand square meters of office space that was crowding their towers on Diagonal Avenue. The project not only had to juggle an extensive program, but also plan for the future growth of each department by strengthening the original structure. The execution project that was commissioned to us included the construction of two new buildings on Roger de Flor Street, as well as recovering the block's interior courtyard for public uses. During the application process for the licence, the City Hall wasn't keen on offices occupying a site qualified as equipment regardless of its "social work" status. Finally, the foundation ended occupying another building of the same entity. Years later, the project went forward with other uses and other technicians to occupy the Casa de América. The block's interior court it still pending to be built.

Todo patrimonio que no se usa se deteriora. Envejecen más las cosas con el abandono que con el uso continuado. Con la intención de recuperar su antigua sede del Palau Macaya, construida por Puig i Cadafalch a principios del siglo XX, la "Fundación La Caixa" pretendió volver a ocupar lo que fuera su casa hasta hacía unos pocos años y liberar los varios miles de metros cuadrados de oficinas que ocupaban en la Diagonal. El proyecto no solo debía de respetar la preexistencia y, en la medida de lo posible, dialogar respetuosamente con ella, sino que debía de hacer un encaje de bolillos con el extenso programa y prever los futuros crecimientos, potenciando la arquitectura original. El proyecto de ejecución que se nos encargó incluía la construcción de dos nuevos edificios en la calle Roger de Flor, así como la recuperación del patio interior de manzana para usos públicos. Durante la tramitación urbanística el Ayuntamiento no vio con buenos ojos que unas oficinas, por muy "obra social" que fueran, ocupasen un solar calificado como equipamiento. Finalmente, la Fundación acabó ocupando otro edificio de la misma entidad. Años después, el proyecto tiró adelante con otros usos y otros técnicos para albergar la Casa de América. El patio interior de manzana sigue pendiente de realización.

mplantation of offices on the different floors, according to the specific requirements of the Obra Social la Caixa Fundation and removal of the original façade that we had to make (it is curious now, in a period when architecture reached such richness and formal profusion, the details were barely built, the decisions being made on site, always trusting the skill of the different trade men).

Different images of the façade looking to the street where we can appreciate the adjoining balcony of the main floor, the bay window and the undercover gallery, also typical elements of the Gothic architecture to which Puig i Cadafalch were paying homage, from the nostalgia of a time that is supposed to have been better.

Implantación de las oficinas en las diferentes plantas, según el requerimiento específico de la Fundación Obra Social de La Caixa y levantamiento de la fachada original que tuvimos que hacer (es curioso cómo, en una época en la que la arquitectura alcanzó tal riqueza y profusión formal, apenas se dibujaran detalles, tomándose las decisiones en obra, siempre confiando en el buen hacer de los diferentes oficios).

Diversas imágenes de la fachada a la calle en la que se aprecia el balcón corrido de la planta principal, el mirador y la galería bajo cubierta, típicos elementos también de la arquitectura gótica a la que Puig i Cadafalch rinde continuo homenaje, desde la nostalgia por un tiempo que se supone fue mejor.

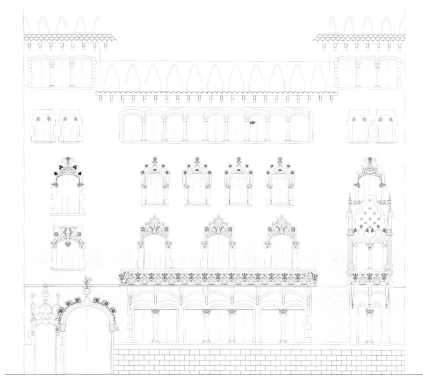

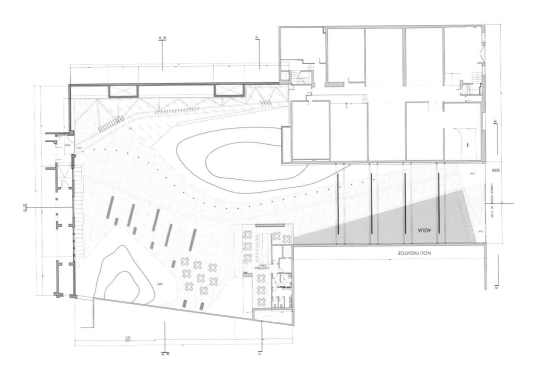

Images of the block's internal space and of the platforms of the old exhibition warehouses that are now being knocked down, remaining as open air porches. A steel gate allowed the access from the neighbouring Roger de Floor Street, at the other side of the block's courtyard.

Imágenes del espacio interior de manzana y de las cubiertas de las antiguas naves de exposición que se derribaban, quedándose como porches al aire libre. Una cancela de acero corten permitía el acceso desde la vecina calle de Roger de Flor, al otro lado del patio de manzana.

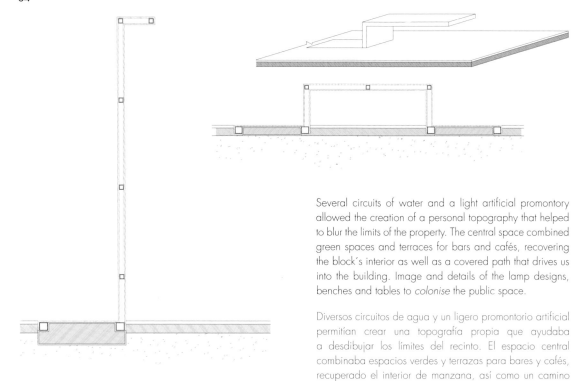

Several circuits of water and a light artificial promontory allowed the creation of a personal topography that helped to blur the limits of the property. The central space combined green spaces and terraces for bars and cafés, recovering the block's interior as well as a covered path that drives us into the building. Image and details of the lamp designs, benches and tables to *colonise* the public space.

Diversos circuitos de agua y un ligero promontorio artificial permitían crear una topografía propia que ayudaba a desdibujar los límites del recinto. El espacio central combinaba espacios verdes y terrazas para bares y cafés, recuperado el interior de manzana, así como un camino cubierto que nos llevaba al edificio. Imagen y detalles de los diseños de las lámparas, bancas y mesas con los que *colonizar* el espacio público.

Mutua Madrileña Headquarters, Madrid

Madrid, Spain
Arch. Coll: Francesco Soppelsa, Manu Pineda
Photos ©: Javier Ortega

Fruit of the work we did in the Barcelona offices, this renovation commission came up for the Mutual's central offices on Madrid's Castellana Boulevard, to which we added a walkway to connect to a contiguous building the firm owned. The intention of the client was to concentrate all the customer care services in the ground floors of both buildings, to avoid people external to the company roaming the different floors of the building, as well as giving to the front of the Fortuny Street building an address in Castellana. The walkway is the slightest of gestures, a topographic movement, the ground that rises -even planted with the same grass- in the conviction that the best way to join two buildings is to make sure the buildings do not touch each other. The discontinuous false ceiling, like a rough sea, is an attempt to bring the Mediterranean to the Castellana, as we promised to the Mutua's CEO. The furniture, designed for the occasion with its deep sea glasses, stands up among the continuous floor of glossy abyssal black.

Fruto de haber realizado la sede de la Mutua en Barcelona surgió este encargo de reforma de la sede central de la Mutua en la Castellana de Madrid, al cual se le añade una pasarela de conexión con otro edificio contiguo de su propiedad. La intención del cliente era concentrar en las plantas bajas de ambos edificios todos los servicios de atención al público para evitar que gente ajena a la compañía deambulase por las diversas plantas del edificio, así como dar al edificio con frente a la calle Fortuny dirección de Castellana. La pasarela es apenas un gesto, un movimiento topográfico, un suelo que se levanta -incluso tapizada en el mismo césped- en el convencimiento de que la mejor junta entre dos edificios es hacer que los edificios no se toquen. El falso techo discontinuo, como un mar encrespado, es un intento de llevar el mediterráneo a la Castellana, como le prometimos al Presidente de la Mutua. Contra el suelo continuo de negro bruñido abisal se destacan los muebles, diseñados para la ocasión, con sus cristales de color azul ultramar.

Images of the false steel ceilings of the Suisse GEMA's house. In the higher empty spaces we find a greater movement among them, as if there were large waves. A spit comes out of the building as if there had been a tsunami. The false ceilings integrate lamps, air conditioners, sound systems (loudspeakers) and mechanisms for the detection and extinction of fires. The end of the ceiling is pulverized in black to make it fade away.

Imágenes de los falsos techos de acero de la casa suiza GEMA. Allá donde hay más altura libre se produce un mayor movimiento entre ellos, como si hubiera un mayor oleaje. Una lengua sale fuera del edificio como si se tratara de un tsunami. Los falsos techos integran las luminarias, difusores de clima, servicios de megafonía (altavoces) y mecanismos de detección y extinción de incendios. El fondo del techo se pulveriza de negro hasta hacerlo desparecer.

40

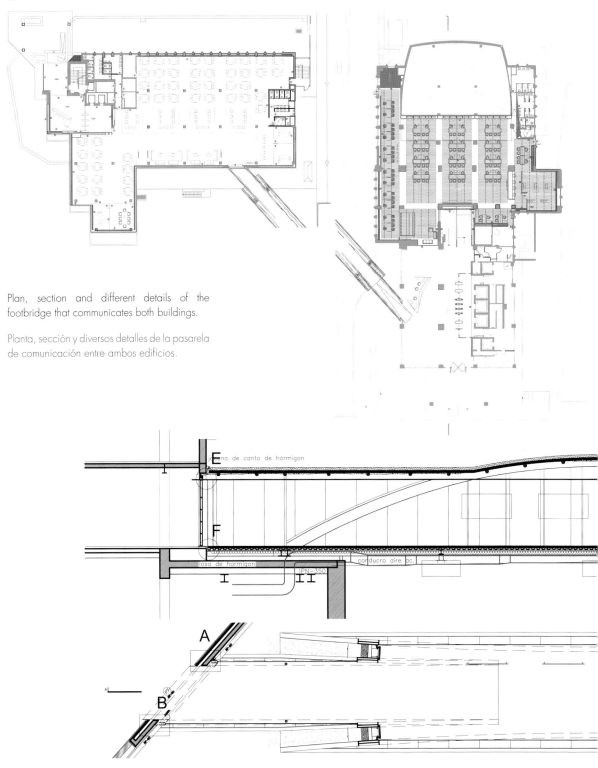

Plan, section and different details of the
footbridge that communicates both buildings.

Planta, sección y diversos detalles de la pasarela
de comunicación entre ambos edificios.

ESCALA 1:5

A   B   C

ESCALA 1:20

A

B

SECCIÓN TRANSVERSAL 2-2'

C

B

COTA PAVIMENTO

SECCIÓN TRANSVERSAL 3-3'

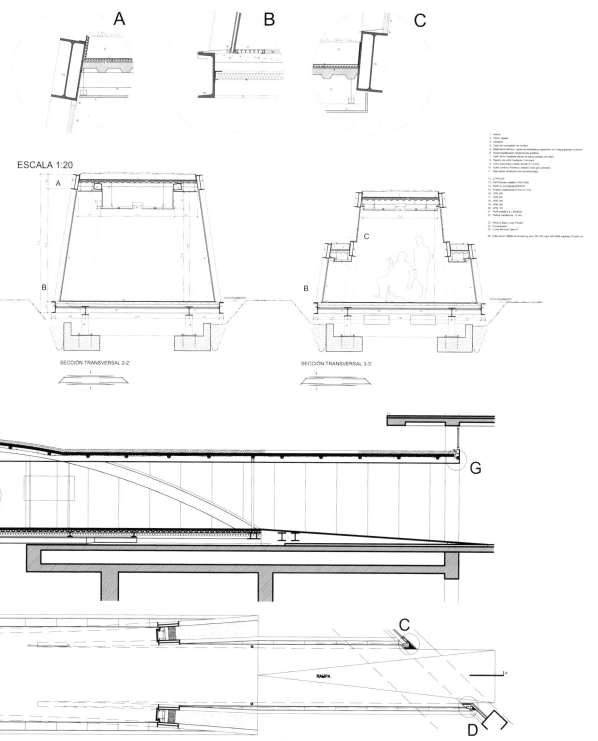

G

C

RAMPA

A'

D

As a piece of paper rising from the ground, having practiced two cuts, the footbridge hovers over the ground. Night views of the footbridge with the arches that act as a support to save space for the underground car park. During the works, not even a single tree from the garden was touched: trees are sacred.

Como un papel que se levanta, al haberle realizado dos tajos, así la pasarela se alza sobre el suelo. Vistas nocturnas de la pasarela con los arcos que le sirven de soporte para salvar el espacio del aparcamiento subterráneo. Para hacer la obra no se tocó ningún árbol del jardín: los árboles son sagrados.

Image of the footbridge skimming over the ground in which we see the air conditioning diffusors whose pipes go unseen under the paving, so the platform stays as light as possible.

Imagen de la pasarela, a ras de suelo, en la que se ven los difusores de la instalación de clima, cuyos conductos pasan disimulados bajo la losa, para que la cubierta quedase lo más ligera posible.

Mutua Madrileña Headquarters, Barcelona

Barcelona, Spain
Arch. Coll: Francesco Soppelsa
Photos ©: Lluis Sans

The 3.800-m^2 Mutua Madrileña headquarters at the junction of Ronda Universidad and Plaza Catalunya signifies the disembarking of the Mutual in Barcelona. The project opted to open a large courtyard in the rear of the building to create a dialogue with the existing structures in the anteroom of the former bank, around which the 200 work stations were arranged. Encouraging diagonal sightlines to help make the space look bigger and bringing light into the cavernous space to improve the working conditions of its occupants were the mottos and *strengths* of the project. A suspended steel cube hangs over the patio to be used as a waiting room. The recovering of the "noble area" of the main floor that was to be conserved, transforming it into the Management and Council Area, and of the balcony and original backside façade and even the recovering of the old structure of wrought iron that was showing masked, made us act from an authentic respect regarding the Legislation, not only preserving the past, but recovering it, a past that will talk to our intervention.

Sede de Mutua Madrileña en el cruce de la Ronda Universidad con la Plaza de Catalunya de 3.800 m^2 en el que significó el desembarco de la Mutua en Barcelona. La decisión de proyecto pasa por abrir un gran patio, en la parte posterior del local que dialoga con el existente en la antesala del antiguo banco, y en torno al cual organizar los 200 puestos de trabajo que se preveían. Favorecer las vistas cruzadas en diagonal, para hacer que el local pareciera mayor, y llevar luz a la caverna, para mejorar las condiciones de quienes lo ocupasen fueron los lemas, las *ideas fuerza* del proyecto. Un cubo de acero suspendido sobrevuela el patio y sirve de sala de espera. La recuperación de la "zona noble" de la planta principal que se conservó, transformándola en la Zonas de Dirección y del Consejo, de la terraza y de la fachada trasera original, incluso recuperando la antigua estructura de hierro forjado que aparecía enmascarada, hicieron que actuásemos desde el respeto al auténtico sentido de las Ordenanzas, no ya preservando el pasado sino recuperándolo, un pasado con quien dialogará nuestra intervención.

Image of the iron cube, suspended on plain air and supported by a structure tighten from the outer façade. The cube holds the waiting room and becomes a panoramic view over the triple emptied space. The actual look of the central court where the new battery of panoramic lifts will be placed, a spot to contemplate the whole implantation.

Imagen del cubo de acero, suspendido en el vacío y sostenid por una estructura atirantada desde la fachada a la calle. El cub alberga la sala de espera y se convierte en mirador sobre el tripl espacio vaciado. Aspecto del patio central en el que se situar la nueva batería de ascensores panorámicos y desde los qu contemplar toda la implantación.

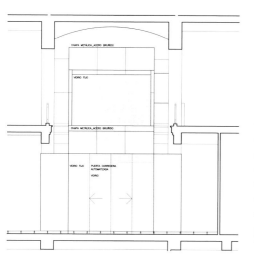

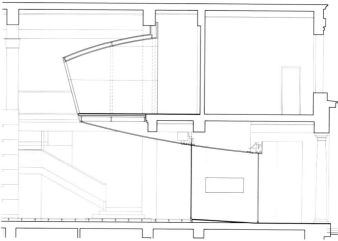

On this page, several images of the first floor towards the outside with the lobby, the private dining room and the general council room, in which the old doorframes had been recuperated – made golden with gold sheets- and that use flower corollas to pass the sprayers, through the cane ceiling. The painting by the Chilean Fernando Altay acts as a counterweight to our work.

En esta página, diversas imágenes de la planta primera a calle con el salón, el comedor privado de la dirección y la sala del consejo general, en la que se recuperan las antiguas molduras -que se doran con pan de oro- y en la que se utilizan las corolas de las flores para pasar los rociadores, a través del techo de cañizo. La pintura del chileno Fernando Alday sirve de contrapunto a muestra actuación.

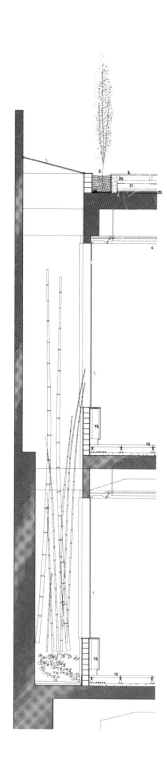

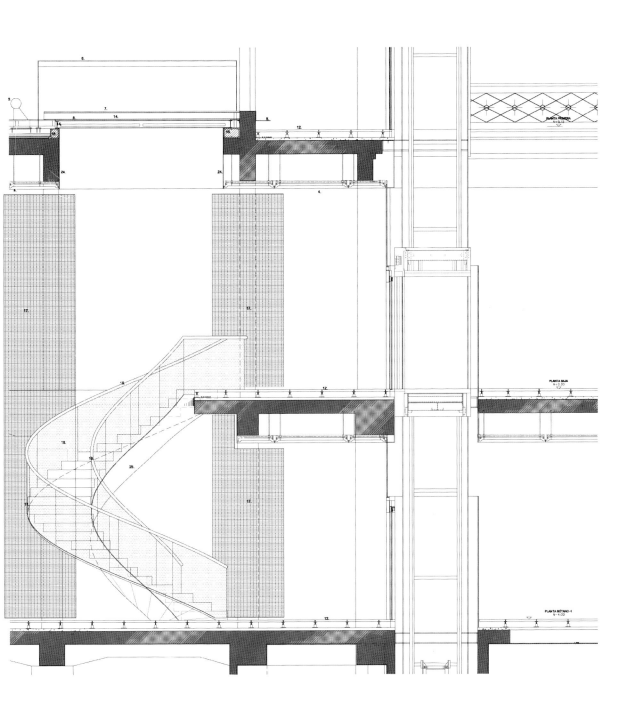

On this page and on the previous double page, details of the new operations courtyard that opens up to the posterior part of the site and of the new circular stairs made on steel with a curved glass banister. The stairs unfold as an orange peel and it's illuminated by a longitudinal skylight, while the pillars are wrapped on retro-illuminated stainless steel mat, as we had already made with those on L'Illa Diagonal. The false floor of 60x60, finished on natural wood, allows for a total flexibility in the use of the floor since it allows for every possible use.

En la doble página anterior y en ésta, detalles del nuevo patio de operaciones que se abre en la parte posterior del local y de la nueva escalera circular en acero con barandilla en cristal curvo. La escalera se desenvuelve como una piel de naranja y está iluminada por una claraboya longitudinal, mientras los pilares se forran en malla de acero inoxidable retro iluminada, como ya hiciéramos con los de L'Illa Diagonal. El falso suelo de 60x60, acabado en madera natural, permite una flexibilidad total en la utilización de la planta, al permitir el paso de todo tipo de instalaciones.

Daytime and night time views of the sky light, supported by glass frames and with solar protection on the interior face; views of the block's courtyard recuperating the balcony to prompt all sorts of events, and views of the ancient façade's wrought iron pillars concealed under the rowlock brick work when we got in charge of the project. Frequently, to rehabilitate is to bring things back to their original state, just in a different way.

Vistas diurnas y nocturnas de la claraboya, soportada por cuadernas de vidrio y con protección solar en su cara interior, del patio de manzana recuperado como terraza para propiciar los más diversos eventos, y de los antiguos pilares de hierro fundido de la fachada, que estaban disimulados debajo de la plementería de obra, cuando nos hicimos cargo del proyecto. Con frecuencia, rehabilitar es devolver las cosas a su estado original, pero de otra manera.

Octavio Mestre Arquitectos Studio

Barcelona, Spain
Arch. Coll: Efrem López
Photos ©: Joan Mundó, Lluis Sans

The study, located on a building from the end of the 19th century that was built for the Universal Exhibition of 1888, pretends to conserve the characteristics of the building and adequate them to the new uses of the study of architecture. The hydraulic pavements are recovered, only substituting the damaged areas. The original doorframes stay in place, generating others to be used as a powertrack conduit, in a concealed fashion. A kitchenette is created, the patio is recuperated (how important patios are!) and an archive area it's created in the lower part (as the years go by, for each new project in which we work, there is more work to be filed), while the large rooms looking towards the exterior are left as working areas. The meeting room is located in the chamfer, presided by a table designed by us. In the loft an apartment for guests is built, a "pied à terre" for the many friends that come and go... and a models workshop. The office reinforces the diagonal conception of the space and the double transit between the different rooms. It is an office, a library (that holds part of my 25.000 books) but also, it's a house. The place intends to generate a homely atmosphere because, what's best than being able to work after so long hours in a place with the comforts of your own house?

El estudio, situado en un edificio de finales del siglo XIX que se construyó con motivo de la Exposición Universal del año 1888, pretende conservar las características del edificio y adecuarlas al nuevo uso de estudio de arquitectura. Se recuperan los pavimentos hidráulicos, sustituyendo sólo las áreas en mal estado. Se mantienen las molduras originales, generando otras por donde pasan las canalizaciones eléctricas, de manera disimulada, se genera una *kitchenette*, se recupera el patio ¡Qué importantes son los patios! y se genera una zona de archivo en la parte interior (a medida que pasan los años, por cada nuevo proyecto en el que se trabaja, hay cada vez más trabajo archivado), mientras las grandes salas a la calle se dejan como zonas de trabajo. En el chaflán se coloca la sala de reuniones, presidida por una mesa que diseñamos nosotros. En la parte interior se construye un altillo para hacer un apartamento de invitados, un *"pied à terre"* para los muchos amigos que vienen y van... y un taller de maquetas. El despacho potencia las vistas en diagonal y las dobles circulaciones entre las diversas salas. Es un despacho, una biblioteca (que alberga parte de mis 25.000 libros) pero, también, es una casa. El lugar pretende generar un ambiente doméstico porque ¿qué mejor que poder trabajar, tantas horas al día, con las comodidades de tu propia casa?

Plan elevation of the property and partial details (tribunes, banisters and window distribution) that we made in order to understand the building.

Levantamientos del alzado de la finca y detalles parciales (tribunas, barandillas y composición del ventanaje) que hicimos para entender el edificio.

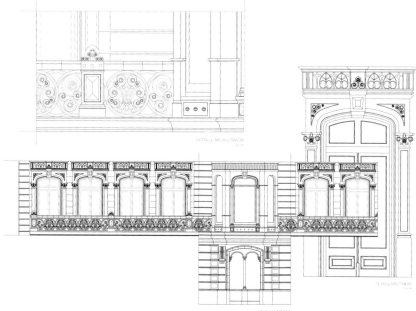

Image of the façade and detail of the lift that has one of the oldest licenses in Barcelona, something that proves the category of the property. With time, we ended refurbishing the façade and becoming the building's "house architects".

Imagen de la fachada y detalle del ascensor, que dispone de una de las licencias más antiguas de Barcelona, lo que prueba la categoría de la finca. Con los años acabaríamos haciendo la reforma de la fachada y convirtiéndonos en los "arquitectos de cabecera" del edificio.

Several images of the entrance hall with its walnut tree timber (rescued from another building we had rehabilitated) that lacked a door that was recovered; of the central space that acts as an archive, with a table designed to play slides (something of the time, who would have told us that we will all end up working digital); of the main assembly hall, with a trapezoidal shape to configure the spin , with the tribune looking towards the street; of one or the areas aimed to be a library, from the open air patio (besides the neighboring dividing wall) and of the access to the guest apartment and the model workshop, located on the loft.

Diversas imágenes del vestíbulo de entrada con el mueble de nog (rescatado de otro edificio que rehabilitamos) al que le faltab una puerta y que se recuperó; del espacio central que sirve de archivo, con la mesa diseñada para visionar las diapositivas (er la época y quién nos iba a decir que, con los años, trabajaríamos todos en formato digital); de la sala de juntas principal, de form trapezoidal para configurar el giro, con la tribuna a calle; de un de las áreas destinadas a biblioteca, del patio al aire libre (junt a la medianera vecina) y del acceso al apartamento de invitado y al taller de maquetas, situado en el altillo.

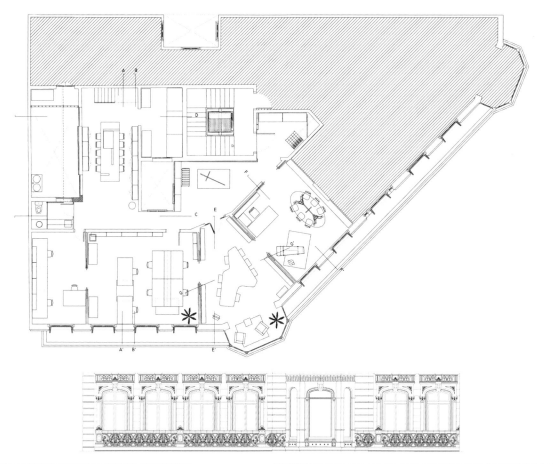

Inmobiliaria Colonial Headquarters

Barcelona, Spain
Arch. Coll: J.Mº Vivas, Leo Machicao, Efrem López
Photos ©: Lluis Sans
Arch Coll (New Façade. 2015): Guillermo Díaz

The greatest challenge to the Inmobiliaria Colonial's Headquarters wasn't work itself, neither thinking about the possible implementations for an ever changing staff of almost a thousand workers, neither to design the furniture, not even to transform the old computing centre into a underground three story carpark (bearing in mind that the neighbouring buildings didn't have carparks and we had to build the new ramp section by section, to not undo the old horizontal slabs acting as an edge beam to withstand the thrust of the neighbouring soil)… The hardest thing was to create a working site of 19,400 m² with more than 900 people working in the building, moving from place to place, for almost five years, keeping everything working without having major troubles. The entrance hall, the stairs box, the integration of the new door canopy with the original curtain wall or the meeting room, all concentrate the proposal's expressive wills. The rest will be all neutral: "Le Corbusier is also for that idea of a *working cube*".

El mayor reto de remodelar la sede de Inmobiliaria Colonial no fue realizar la obra en sí, ni pensar las implantaciones siempre cambiantes de una plantilla de casi el millar de trabajadores, ni diseñar el mobiliario, ni incluso transformar el antiguo centro de cálculo en 3 plantas de aparcamiento subterráneo (cuando los edificios vecinos no tenían aparcamiento y hubo que montar la nueva rampa a trozos, para no desmontar los antiguos forjados horizontales que servían de zuncho contra el empuje de las tierras vecinas)… La mayor dificultad fue hacer una obra de 19.400 m² con las más de 900 personas que trabajan en el edificio, moviéndolas de un lado a otro, durante casi cinco años y que todo siguiese funcionando, sin que pasasen males mayores. El vestíbulo, la caja de escalera, la integración de la nueva marquesina, con el muro cortina original o las salas de reunión concentran las voluntades expresivas de la propuesta. El resto será del todo neutro: "Le Corbusier también abogaba por aquello de un *cubo que funcione*".

Entrance hall, signage applied and floor landings. It's worth to point out that the stairs loses its old lining, it's freed from risers and for safety, it turns into a suspended glass all along the nine floors, over the slop, fastened slab by slab with steel bolts. The floor it's finished on Medea green Silverstone (not manufactured anymore) while the ceiling leaves a transversal joint to light the wall opposite the lifts, plastered with lime, in an indirect manner.

Vestíbulo de acceso, señalética aplicada y rellanos de planta. A destacar que la escalera se desnuda de su antiguo revestimiento, se liberan las contrahuellas y se pasa, como protección, un cristal suspendido, a lo largo de las nueve plantas sobre rasante, cogido, forjado a forjado, por unos bulones de acero. El suelo se acaba en *silestone* verde Medea (ahora ya ni se fabrica) mientras el cielorraso deja una junta longitudinal para iluminar, de manera indirecta, la pared del frente de ascensores estucada a la cal.

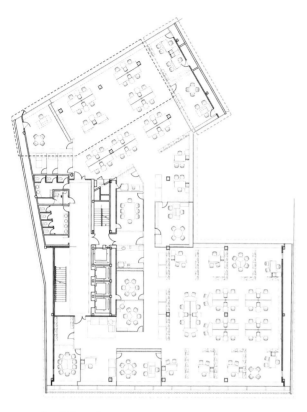

fourth floor plan
planta cuarta

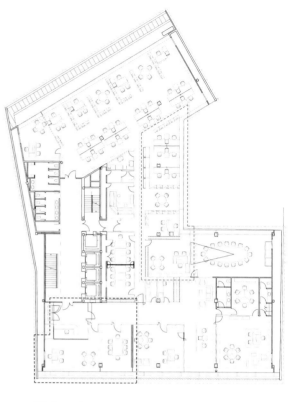

fifth floor plan
planta quinta

On the following page, images never published before, of the offices at the ninth floor with the structure lined with copper, entering the space and the skylight above the first floor, opening up to bring light to the floor where the building needs it most (Architecture is always in need of light).

On the plan, the implantation of the forth and fifth floors at the moment of the construction of the building.

En la página siguiente imágenes, nunca publicadas antes, de las oficinas de la planta novena con la estructura forrada de cobre entrando en el espacio y de la claraboya sobre la planta primera, abierta para llevar luz al interior de la planta, allá donde el edificio más la necesita (siempre la arquitectura es una necesidad de luz).

En plano, implantación de las plantas cuarta y quinta, en el momento de hacer el edificio.

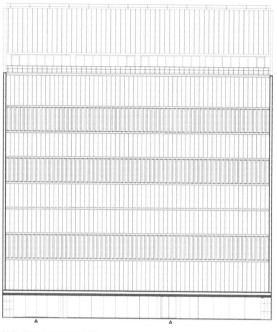

FACHADA ESTADO ACTUAL

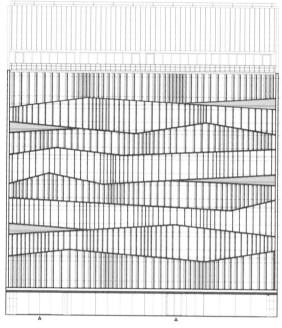

FACHADA PROPUESTA

current façade / fachada actual

proposal /propuesto

current façade / fachada actual

21 years after having finished the work and having seen the success of the façade, we have worked on the building that Colonial has at the Travesera and Amigó junction. The owners have asked us to study a new façade for their corporative headquarters at the Diagonal in Barcelona with one of the first curtain walls of Barcelona, from the late 60s, a work by the local architect Busquets Sindreu. With the intention to give some movement to this property without losing its original slat made image, we proposed to play with the height of the ledges, blowing off the horizontal planes and superposing some concrete slats to the whole, slats made of polymeric concrete that can be retro-illuminated from behind at night. In the image, elevation and two different views of the current state of the proposal. Waiting for execution.

21 años después de haber acabado las obras y visto el éxito de la fachada que hemos construido para el edificio que Colonial tiene en el cruce de Travesera y Amigó, la propiedad nos ha pedido estudiar una nueva fachada para su sede corporativa en la Diagonal de Barcelona, uno de los primeros muros cortina de Barcelona, de final de los años 60, obra del arquitecto local Busquets Sindreu. Con la voluntad de darle un cierto movimiento a la misma, pero sin perder la imagen de lamas original, planteamos, jugando con la altura de los antepechos, dinamitar los planos horizontales y superponer al conjunto unas lamas de hormigón polimérico traslúcido que pueden ser retro iluminadas desde detrás, al caer la noche. En la imagen, alzado y dos vistas del estado actual y de la propuesta. Pendiente de ejecución.

proposal /propuesta

Residential Building

Terrassa, Spain
Arch. Coll: Efrem López, Leo Machicao
Photos ©: Lluis Sans

Given that the number of family members is reducing and with the aim to satisfy the demands for small apartments in the city center, this project involves the conversion of a 40's-era building into a series of 45- to 55-m² dwellings composed of a dining room and built-in kitchenette, one double bedroom and a full bath, in the mode of a luxury suite. Luxury, because nowadays it is always a luxury to live in the city center. The fact of having to subdivide the original floors, and that the old staircase was located to one end of the building, forced the dwelling's entrance design to be down a series of hallways lined with engraved tiles set through the center of the block, separated from the existing volumetry to guarantee the privacy of its residents.

Dado que cada vez el número de miembros que componen la familia se reduce y con el fin de satisfacer la demanda de pisos pequeños en el centro de la ciudad, el proyecto plantea la conversión de un edificio de los años 40, en una serie de viviendas, de entre 45 y 55 m² de superficie, compuestas por salón comedor con la *kitchenette* integrada, un único dormitorio doble y un baño completo, a modo de suite de lujo. Lujo, porque siempre es un lujo vivir en el centro de la ciudad. El hecho de tener que subdividir las plantas originales y el hecho de que la antigua escalera estuviera situada en uno de los extremos de la finca obligó a plantear el acceso a las viviendas a través de una serie de pasarelas de baldosa grabada, separadas de la volumetría existente, para garantizar la privacidad de los residentes, a través del patio central de manzana.

On the previous page, image of the patio at dusk. In this one, another two images of the patio lined by prodema, a skin behind which every installation can be registered throughout its whole itinerary and whose stamped tile footbridges allow access to the houses. View from the façade to the street with the corresponding tribunes added to it. Images of the original stairs with Art Deco reminiscences and an internal apartment with a connection between dining room and kitchen.

En la página precedente, imagen del patio, al caer la noche. En ésta, otras dos imágenes del patio forrado por prodema, piel tras la cual todas la instalaciones son registrables a lo largo de todo su recorrido y de las pasarelas de baldosa grabada que permiten el acceso a las viviendas. Vista de la fachada a la calle, a la que se añaden las tribunas correspondientes, imágenes de la escalera original con reminiscencias Art Deco y un interior de un apartamento, con la conexión entre la sala comedor y la cocina.

Auditorium and Education Centre. Winterthur

Barcelona, Spain
Arch. Coll: Sergi Cera
Photos ©: Lluis Sans

As the climax of our integral refurbishing of the L'Illa Diagonal Shopping Mall (refurbishing that started by the Rebost, followed by the two first floors of the commercial axis and finishing with several accesses to the carpark) we were ask about how to make profitable the training centre that Winterthur, one of the owners of the mall, has in the centre, by making some works "with the lowest possible budget". The problem was that the centre had a series of small cubicles that could not fit more than 25-30 people per room, thus throwing away enormous business opportunities. The evident reply was to disassemble the magnificent curved panels that they had, to recombine them to allow for a hall with a capability of up to 150 people and to favour the compartmentation of the rest of rooms.

Como colofón de nuestra reforma integral del Centro Comercial L'Illa Diagonal (reforma que empezó por El Rebost, siguió por las dos plantas del eje comercial y acabó por los varios accesos al aparcamiento) se nos pidió cómo poder rentabilizar el Centro de formación que Winterthur, uno de los dos propietarios del Centro, tiene en el complejo, haciendo unas obras "con el menor presupuesto posible". El problema radicaba en que el centro disponía de toda una serie de cubículos pequeños (que no podían albergar más de 25-30 personas por sala) y se perdían enormes oportunidades de negocio. La respuesta evidente fue desmontar las magníficas mamparas curvas que había para, recombinándolas, poder hacer hasta una sala con capacidad para 150 personas y favorecer la compartimentación del resto de salas.

A floor that we built to replace the original, only reordering the existing pieces in a different way. Images of the gap left between the glass rooms, each one with their respective colour curtains, waiting room and reception area. Detail of the curtain rod as it joins the façade and test of signage made to help to decide the new Training Centre's sign board.

Planta que construimos nosotros en sustitución de la original, sólo reordenando las piezas existentes, de otra manera. Imágenes del espacio intersticial que queda entre las salas de cristal, cada cual con sus respectivas cortinas de colores, sala de espera y zona de recepción. Detalle del cortinero, en el encuentro con la fachada y pruebas de la señalética que se hicieron para escoger la nueva rotulación del Centro de Formación.

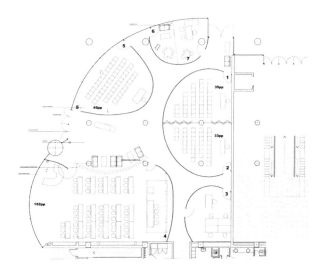

Prosegur Headquarters

L'Hospitalet de Llobregat, Spain
Arch. Coll: J.Mª Vivas
Photos ©: Lluis Sans

The project (12.000 m²) got rather complicated right when work was about to begin on this renovation of a former Michelin tire warehouse into the company's corporate headquarters. The owners bought a 16th-century patio which had to be fit into the project in the central position it merited, obliging us to reconfigure everything. Thus a half-floor was dug beneath the building and another floor above was enlarged to be able to match the height of such a unique piece. All the floors are arranged around the patio. A skylight, with nearly 100 m² of glass, is suspended on glass ribs return the patio the exterior condition it once had. The building has safety vaults, an extensive fleet of armored cars, gymnasium, archery room and offices in one of the most complex programs we have ever faced. Putting all these uses together independently was another of the difficulties that we had to deal.

El proyecto (12.000 m²) se complicó cuando, a punto de empezar la obra, la rehabilitación del antiguo almacén de neumáticos de Michelín como sede corporativa de la empresa, la propiedad compró un patio gótico del siglo XVI que hubo que integrar en el proyecto en la posición central que merecía, obligándonos a replanteárnoslo todo. Así pues se excavó una planta semisótano, bajo el edificio y se le amplió, con una por encima, para poder hacer coincidir los niveles de tan singular elemento. Todas las plantas se organizan en torno al patio. Una claraboya de casi 100 m² de cristal, sujeta sobre cuadernas de vidrio, le devuelve la condición exterior que el patio tuvo un día. El edificio tiene cámaras acorazadas, un extenso garaje para su parque móvil, gimnasio, sala reglamentaria de tiro olímpico y oficinas diversas, en uno de los programa más complejos a los que nos hemos enfrentado. Conjugar todos los usos, de manera independiente, fue otra de las dificultades con las que tuvimos que lidiar.

Main façade and foreshortening in which a flying stair showed over the English court that was open to bring natural light to the training rooms. The concrete stairs -barely 12cm thick- is made by metallic stringer that acted as the base for the shuttering and were lined with sandstone, as if it was a rug, that doesn't reach the borders to not highlight its slenderness. Today, the handrail, barely a steel banister of 35 mm, would never comply with any legislation, but I'm not aware of anybody falling off since we made it. It's clear to me that with so much legislation we are not making a better world, regardless of how hard they try. What we couldn't avoid was the corporative yellow colour that the firm decided to give to the aluminium on the façade, as an identity sign for their facilities.

Fachada principal y escorzo en el que se aprecia la escalera volada sobre el patio inglés que se abrió para llevar luz natural a las aulas de formación. La escalera de hormigón -de apenas 12 cm de espesor- está formada por zancas metálicas que sirvieron como base del encofrado y se revistieron de una piedra caliza, a modo de alfombra, que no llega a los bordes para subrayar su esbeltez. La barandilla, apenas un simple pasamanos de acero de 35 mm, no cumpliría hoy ninguna normativa, pero no me consta que nadie se haya caído en los más de 20 años, desde que la hicimos. Tengo claro que, con tanta normativa, no estamos haciendo un mundo mejor. Por más que se empeñen. Lo que no pudimos evitar fue el color amarillo corporativo que la propiedad quiso dar al aluminio de fachada, como seña de identidad de sus instalaciones.

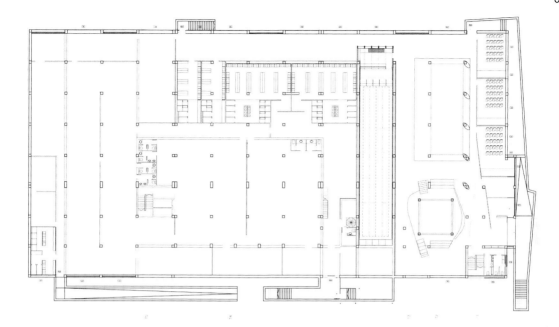

Cellar floor which holds the changing rooms, the cash counter, the security cameras, the shooting hall for 25 metres handgun, the gym and the psychologic training rooms, as well as the hole open to include the new court with its grandstands.

Planta sótano en la que se ubican la zona de vestuarios, la de contaje de dinero, las cámaras, la sala de tiro con pistola de 25 metros, el gimnasio y las aulas de formación psicológica, así como el agujero abierto para inquibir el nuevo patio, con sus gradas.

Perfil de arriostramiento

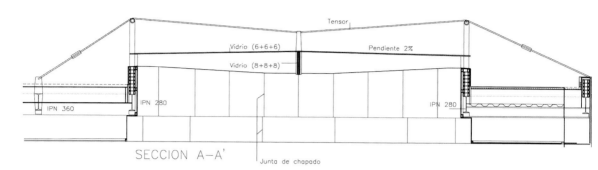

Tensor

Vidrio (6+6+6)   Pendiente 2%

Vidrio (8+8+8)

IPN 360   IPN 280   IPN 280

SECCION A-A'

Junta de chapado

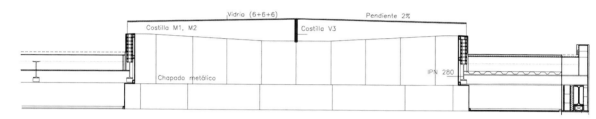

Vidrio (6+6+6)   Pendiente 2%

Costilla M1, M2   Costilla V3

Chapado metálico   IPN 280

SECCION B-B'

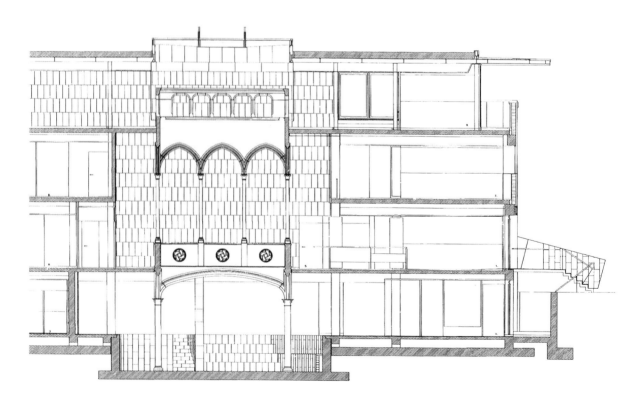

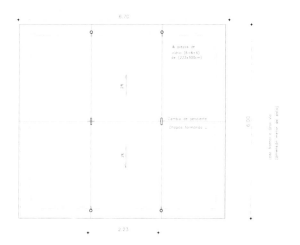

The courtyard, rebuilt from the old Casa Gralla and the skylight that we designed to cover it, with a 6+6+6+6 glazing (each of the 6 glasses weights more than 900 kilos). Photos, section and construction details. The glass is supported by glass frames of the same thickness. The external cables only work as a complementary safety measure in the case of a hypothetical braking by thermic expansion.

El patio reconstruido de la antigua Casa Gralla y la claraboya que diseñamos para cubrirlo, a base de un acristalamiento de 6+6+6+6 (cada uno de los 6 vidrios pesa más de 900 kilos). Fotos, sección y detalles constructivos. Los cristales se sujetan sobre cuadernas de vidrio de mismo espesor. Los cables exteriores solo sirven, en caso de una hipotética rotura por dilatación térmica, como una medida de seguridad complementaria.

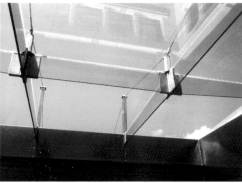

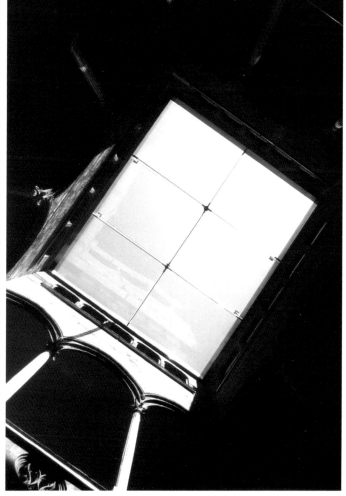

Image of the courtyard, during the days when the auditorium is being transformed; of the area of respect left between the new offices and the courtyard; of the room used as a private dining room and as the reception's furniture on the ground floor that recovers the paving, laterally and over the lancet plan of the neighbouring gothic arches.

Imagen del patio, los días en los que se trasforma en auditorio, de la zona de respeto que se deja entre las nuevas oficinas y el patio, de la sala con uso de comedor privado y el mueble de recepción, en planta baja, que recupera en el suelo, lateral y sobre, la planta ojival de los vecinos arcos góticos.

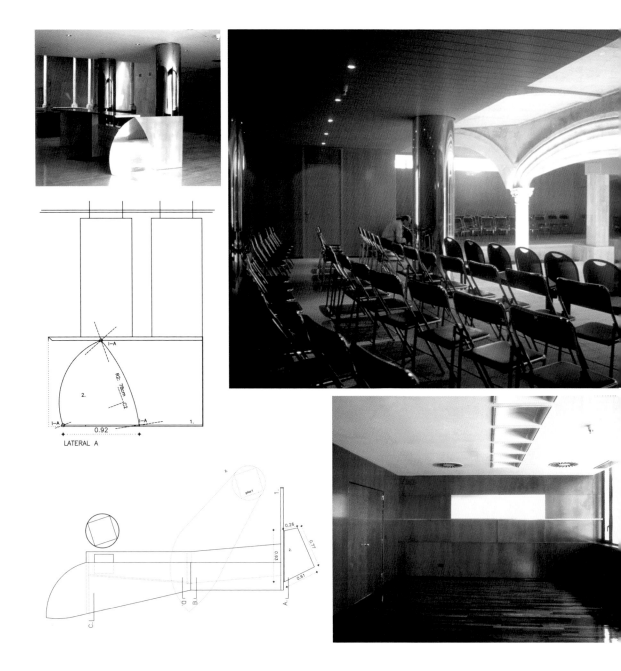

Finishing of the gothic courtyard on its glass vase (a piece that can be cleaned and maintained) and views of the surrounding space that gets generated around and that is used as an exhibition and multipurpose room. Views of the skylight from underneath, with the reflection produced by the glass.

Remate del patio gótico en su urna de cristal (una pieza es pr◌ ticable para su limpieza y mantenimiento) y vista del espacio ◌ cundante que se genera a su alrededor y que se usa como sala ◌ exposiciones y usos múltiples. Vista de la claraboya desde aba◌ con el reflejo que se produce en el cristal.

On black and white, a process in which we can appreciate how we find the courtyard piece by piece, the construction with wooden centrings (there we discovered that there wasn't a sole arch with the same dimensions), the opening for the gap to locate the patio (it was enough to knock down just a single pillar to create a 10x10 m empty space, since the layout was 5x5) and the patio was constructed old style, as a self-supporting element. In order to not transmit any charge to the neighbouring walls the flying buttresses working as a reinforcement edge beam were removed.

En blanco y negro, proceso en el que apreciar cómo encontramos el patio a trozos, la construcción de cimbras de madera (allá descubrimos que no había un solo arco de la misma medida), la abertura del hueco donde ubicar el patio (bastó con derribar un único pilar para crear un vacío de 10x10 m, al ser la trama de 5x5 m) y construcción del patio, a la antigua usanza, como un elemento auto portante. Para no trasmitir carga a las paredes vecinas se eliminaron los arbotantes que funcionaban como zunchos de refuerzo.

Diagonal-Minerva / "El Palacete"

Barcelona, Spain
Arch. Coll: Shaun Pilgrem, J.Mª Vivas
Photos ©: Duccio Malagamba, O. Mestre

Perhaps the most published and awarded of our projects, "The Palace" is, in fact, three buildings which measure nearly 6,000 m². A mansion at the junction of the Diagonal Avenue with Rambla de Catalunya St. that is reconverted into offices. An ancient building that is turned around to open its windows over the patio looking towards the street with the all coach garage as a linking nexus that becomes the headquarters of an important packaging and corporative design firm that had recently left these facilities in favour of the University of Melbourne's headquarters in Barcelona. The new metal facade will be used as a background for the old building whose windows are read as a single large empty space to counter the borders of the remaining windows, floor by floor. *Only by being able to make architecture more transparent will we architects help make society more transparent.* Included in the Barcelona Heritage Guide, after our renovation.

Quizás se trate de la más publicada y premiada de nuestras obras, "El Palacete" son, de hecho, tres edificios que contabilizan casi 6.000 m² de oficinas. Un palacete que se reconvierte a oficinas, en el cruce de la Diagonal con la Rambla de Catalunya, un antiguo edificio al que se le da la vuelta para abrir las ventanas sobre el patio que da sobre la calle y el nexo de unión -las antiguas cocheras- que se convierte en sede de una importante empresa de *packaging* y diseño corporativo que recientemente ha dejado las instalaciones en favor de la sede en Barcelona de la Universidad de Melbourne. La nueva fachada metálica servirá de telón de fondo a la vieja edificación cuyas ventanas se leen como un único gran hueco y al que se opondrán las franjas del resto de ventanas, planta a planta. *Sólo siendo capaces de hacer una arquitectura más transparente colaboraremos los arquitectos en hacer una sociedad más transparente.* Incluido en la Guía de Patrimonio de Barcelona, después de nuestra intervención.

On the previous page, an image of the Minerva Builing, understood as the backdrop of our performance, as the night falls. In these, an image of the French looking mansion in which a new pergola and banister have been designed to indicate people that something has changed in the building. Detail of the pergola over the balcony.

Lateral plan elevation of the mansion, looking towards Minerva St. and in B/N the process of the work taking place over the neighbouring dividing wall, as well as the metallic model of the ensemble of the three buildings. Today, we do 3D almost exclusively, but not so long ago I remember we made several models for each building... then I used to make them myself, no so long ago.

En la página precedente, imagen del edificio Minerva, entendido como telón de fondo de nuestra actuación, al caer la noche. En éstas, imagen del Palacete de apariencia afrancesada, en la que se ha diseñado una nueva pérgola y una barandilla para indicar a los viandantes que algo ha sucedido en el edificio. Detalle de la pérgola sobre el balcón.

Alzado lateral del Palacete a la calle Minerva y en B/N proceso de la actuación sobre la medianera vecina, así como maqueta en metal del conjunto de los tres edificios. Hoy, ya casi sólo hacemos 3D, pero todavía recuerdo cuando de cada edificio hacíamos varias maquetas... cuando yo mismo las hacía. No hace tanto.

Different images of the building boxed in its environment, among much taller buildings. Image of the fence we designed, widening the sidewalk even at the price of having to loose square metres at the patio. In the next page, the same enclosure that the University of Melbourne had just made to protect their garden from the outsiders' looks.

Distintas imágenes del edificio, encajonado en su entorno, entre edificios mucho más altos. Imagen de la valla que diseñamos, ensanchado la acera aun a costa de perder m² de patio y, en la página siguiente, la misma cerrada que acaba de hacer la Universidad de Melbourne para proteger el jardín de las vistas.

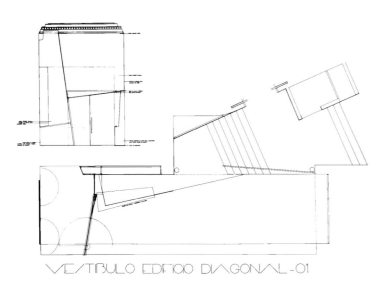

VESTIBULO EDIFICIO DIAGONAL-01

Passage for old coaches that related the three buildings and a detail of the wind-stopper piece of furniture that integrates the mail pigeonholes and the electricity metre boxes. On the side, the original door was substituted by a large hole to favour the diagonal reading of the space. Detail of the furniture in plan and elevation. Ground and second floors showing the volumetric characteristics of the different bodies and the lateral passage with the reflections that light produces on the glasses.

Pasaje de antiguos carruajes que relacionaba los tres edificios y detalle del mueble cortavientos que integra el casillero de correo y los contadores eléctricos. En el lateral, se sustituyó la puerta original por un gran hueco para favorecer una lectura en diagonal del espacio. Detalle del mueble en planta y alzado. Plantas baja y segunda, mostrando la volumetría de los diferentes cuerpos y pasaje lateral con los reflejos que la luz provoca en los cristales.

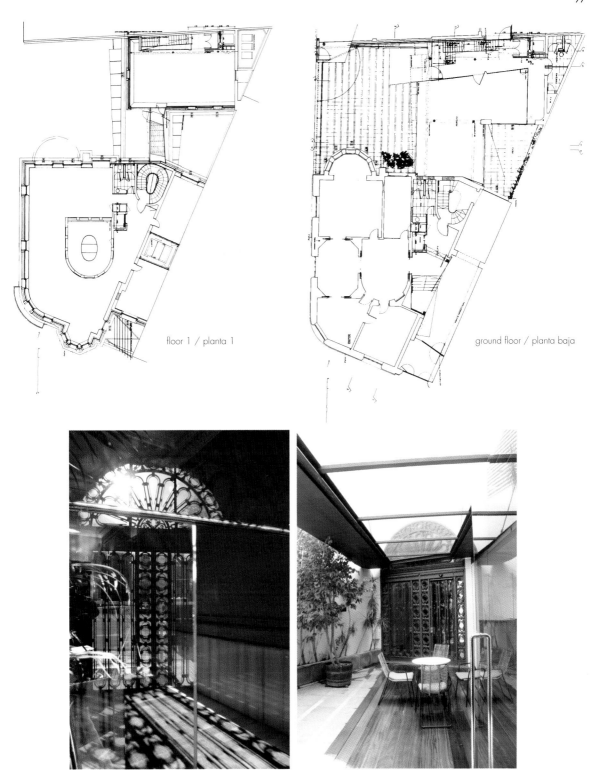

floor 1 / planta 1

ground floor / planta baja

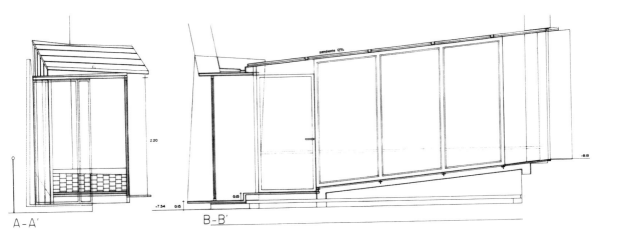

A - A'   B - B'

Communication bridge between the three buildings. Views towards the exterior and interior of the bridge, solved on a metallic structure and prodema (it always reminded me of a kiosk project by the Russian Melnikov). The balcony is covered with ceramics with dowel, as in the old buildings in Catalonia.

Puente de comunicación entre los tres edificios. Vista exterior e interior del puente, resuelto en estructura metálica y prodema (siempre me recordó a un proyecto de kiosco del ruso Melnikov). La terraza se cubre con cerámica con taco, a modo de los antiguos edificios en Catalunya.

image of the new stairs that had to be places by requirement of the fremen brigade, looking forwards to the possible commercialization of the building into three independent buildings, as it finally happened. Constructive detail in which we can appreciate the stairs hanging from the slabs above.

Imagen de la nueva escalera que hubo que colocar por exigencias de Bomberos, en aras a la posible comercialización del conjunto en tres edificios independientes, como así ha acabado ocurriendo. Detalle constructivo en el que se aprecia la escalera colgada de los forjados superiores.

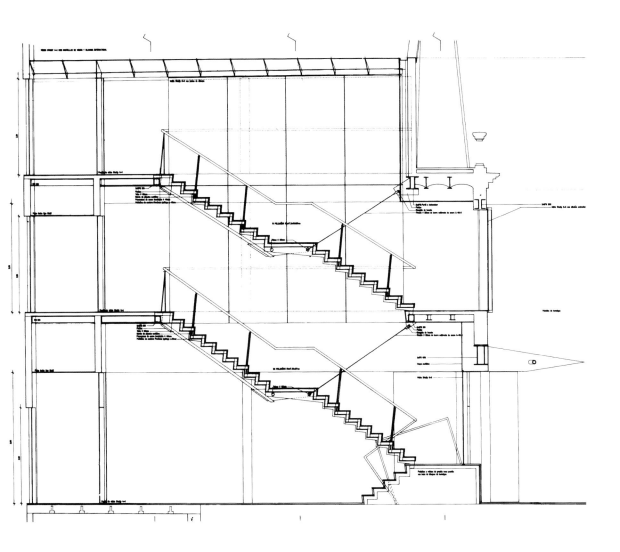

Different views and transversal section of the stairs. The Alucobond wall that lines up the dividing wall comes into the building, dissolving the boundaries between interior and exterior.

Vistas diversas y sección transversal de la escalera. La pared de *alucobond* que reviste la medianera entra dentro del edificio, disolviendo los límites entre interior y exterior.

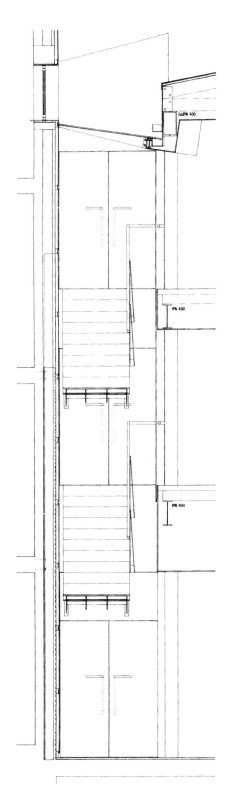

Plan elevation of the Minerva building with slats on the different planes and view from the balconies from where it is possible to see the trick we had to use to not make the banister visible from the street.

Alzado del edificio Minerva con las lamas en distintos planos y vista desde las terrazas en las que se ve el ardid al que ha habido que recurrir para no hacer aparente la barandilla desde la calle.

Muebles Tarragona
(Conselleria de Treball de la Generalitat)

Barcelona, Spain
Arch Coauthor: Joan Pascual (Basic Pr)
Arch. Coll: J.Mª Vivas, Eudald Pérez
Photos ©: Duccio Malagamba, Lluis Sans, O. Mestre

Renovation of the former "Muebles Tarragona" building to make 11,600 m^2 of rental office (today headquarters of the Labor Ministry for the Generalitat, the Catalan autonomous government). The camouflaging for the excessive original volumetry to integrate it into the urban fabric and adjoining buildings made it worthy of being a finalist in the "Biennial of Spanish Architecture" (1993-94). The ventilated façade looking towards the street, in which two stone facades are cut against the chamfer as if the rock had been cut with a knife in order to make its interior visible, contrasts with the abstract play between the metallic footbridges of the southern façade, looking towards the block's courtyard, where a series of trees –that flourish at different times– indicates the season in which we are, as a kind of floral clock.

Rehabilitación del antiguo edificio de "Muebles Tarragona" para hacer un edificio de oficinas de alquiler de 11.600 m^2 (hoy sede de la Conselleria de Treball de la Generalitat). El camuflar el exceso de volumetría original para integrarlo en la trama urbana con los edificios colindantes le hizo merecedor de ser finalista en la "Bienal de Arquitectura Española" (años 93-94). La fachada ventilada que da la calle, en la que dos fachadas de piedra se recortan en el chaflán como si se hubiese cortado la roca con un cuchillo para dejar ver su interior, contrasta con el abstracto juego de pasarelas metálicas de la fachada a sur, dando al patio de manzana, donde una serie de árboles -que florecen en distintas épocas- nos indican la época del año en la que nos encontramos, a modo de reloj floral.

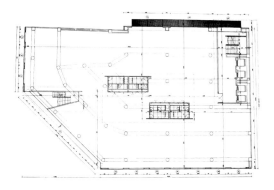

Back wall, once the chamfer has been cut, letting us
see the internal structure.
Model floor, according to the disposition of the
toilets, it can be divided in 1, 2 or 4 users per floor.
Section and views of the main stairs, located on
the back façade and on the service one, looking
towards the chamfer and that, at the level of the loft,
it is driven towards the exit to the street, to not loose
surface area the commercial space.

testero, cortado el chaflán, dejando ver la estructura
de su interior.
Planta tipo que, según la disposición de los baños,
puede dividirse en 1, 2 o 4 usuarios por planta.
Sección y vistas de la escalera principal, situada en
la fachada de detrás, y de la de servicio, dando
sobre el chaflán y que, a nivel del planta altillo, se
reconduce hacia la salida a la calle, para no perder
superficie del local comercial.

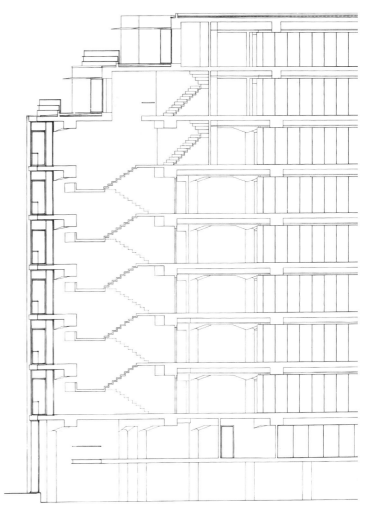

Detail of the chamfer´s
balcony, crated for the
maintenance of the glass
and the gathering between
the back walls. A lifeline
provides protection for the
workers.

Detalles del balcón del
chaflán, creado para el
mantenimiento de los cristales y encuentro con los
testeros. Una línea de vida
sirve de protección a los
operarios.

Access in which the door that folds over its side stands out with its double rail, the doorman cabin, as a booth or confessionary and the floor that alternates coconut tiles on the pavement so the typical rug doesn't get read as a superposed element. The lateral wall, lined with alucobond, conceals the ET, with access from the outside of the building. Ensemble´s plan and elevation.

Acceso en el que destaca la puerta que se pliega sobre su lateral, con su doble guía, el mueble del portero a modo de garita o confesionario y el suelo en el que se intercalan losetas de coco entre el pavimento, para que la típica alfombra no se lea como un elemento superpuesto. La pared lateral, forrada en *alucobond*, escode la ET, con acceso desde el exterior del edificio. Plano y alzado de conjunto.

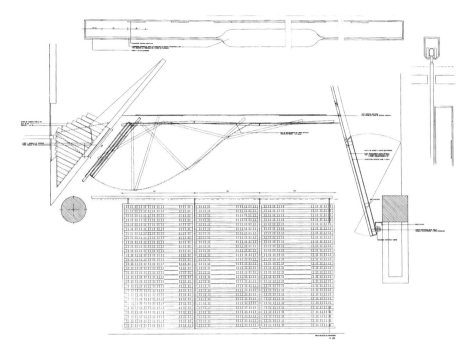

Posterior façade formed by metallic mesh walkways that can be used for the maintenance and protection of the building. Details and view in perspective. On the following double page, image of the same during daytime and night-time where we can appreciate the abstraction from where the façade had been projected.

Fachada posterior formada mediante las pasarelas de religa que sirven de mantenimiento y de protección solar. Detalles y vista en escorzo. En la doble página siguiente, imagen de la misma, de día y de noche, en la que se aprecia la abstracción desde la que la fachada ha sido proyectada.

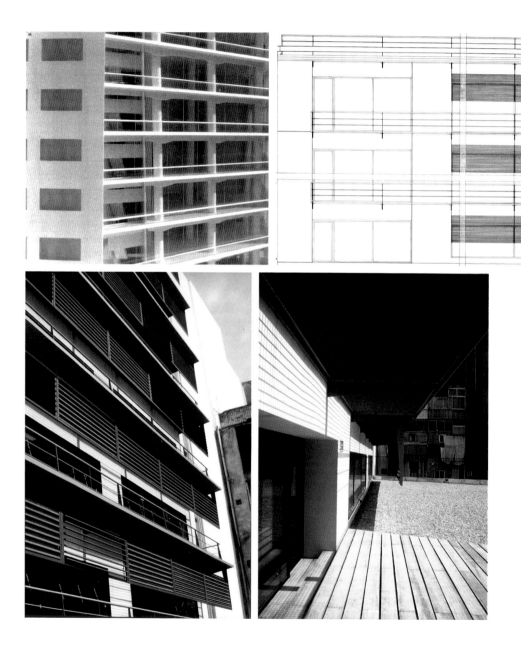

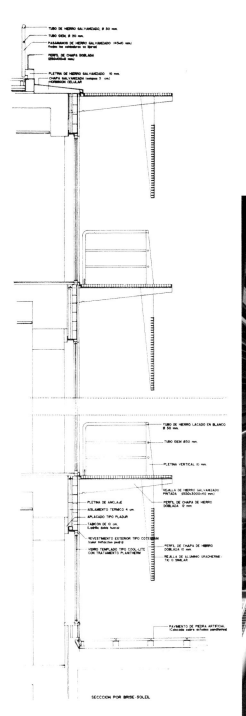

SECCCION POR BRISE-SOLEIL

Renovation and Two Floors Addition to a House

Barcelona, Spain
Arch. Coll: Francesco Soppelsa
Photos ©: Manu Pineda

A project for an integral renovation of a self-constructed dwelling from the fifties with a ground floor and basement, adding two floors to be used as two apartments for each of the family's children. The task was obligated to recess the new floors in respect to the facade plane, due to the new urban building code in vigor in the area, a reason why it was not chosen to raze the entire building and rebuild the house, which from a construction standpoint would have been much easier, but would have incurred a subsequent loss in square meters. The old house and the new party wall are paneled in Prodema while the rest is finished with a metallic skin, offspring of the solution used in Diagonal Minerva (there a plane, here in volume) which defines the facades to the garden. A certain scent of Dutch architecture and modern abstraction presides its image to the point of making it an *"alien"* in the neighbourhood. The strategy of blending in is all right when the environment is interesting, but when the environment is dull it doesn't count and one is aware of being an island in the middle of the ocean.

Proyecto de reforma integral de una vivienda de autoconstrucción de los años cincuenta, situada en planta baja y sótano, con la adición de dos plantas que se utilizarán como sendos pisos para cada uno de los hijos de la familia. La remonta obliga a retrasar las nuevas plantas respecto del plano de fachada, debido a la nueva normativa urbanística que rige en la zona, razón por la cual no se optó por tirar todo el conjunto y levantar la casa, lo que, constructivamente, hubiera sido más fácil, pero que hubiera significado la pérdida de metraje. La antigua casa y la nueva medianera se aplacan en prodema mientras el resto se remata mediante un casco de piel metálica de zinc, hijo de la solución utilizada en el edificio de Diagonal Minerva (allá plano, aquí en volumen) que define la fachada al jardín. Un cierto aroma de la arquitectura holandesa y de moderna abstracción preside la imagen final hasta hacer que el resultado sea un *allien* en el barrio. Está bien la estrategia de mimetizarse, cuando el entorno es interesante, pero no cuando el entorno anodino no cuenta nada y uno se sabe isla en mitad del océano.

+2'

+2

+1

0

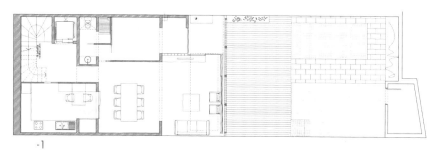

-1

In the image on the front cover, seen from the street, with the Polyphemus' eye watching. In this one, on the B/N images of the transformation from an old self-constructed "alien" that shows above it.

Ensemble plans (the parents live underneath, the son in the middle and the daughter, in the double space above that has at its disposition the upper balcony for private use). On the other side, images of the duplex on top, under the metallic cover.

En la imagen de portada, vista desde la calle, con el ojo de Polifemo vigilante. En ésta, en B/N imágenes de la transformación desde la antigua casita autoconstruida al allien que le sale por encima.

Plantas de conjunto (los padres viven abajo, el hijo en el centro y la hija, en el doble espacio superior, que dispone del uso privativo de la terraza superior). Del otro lado, sendas imágenes del dúplex superior, bajo la cubierta metálica.

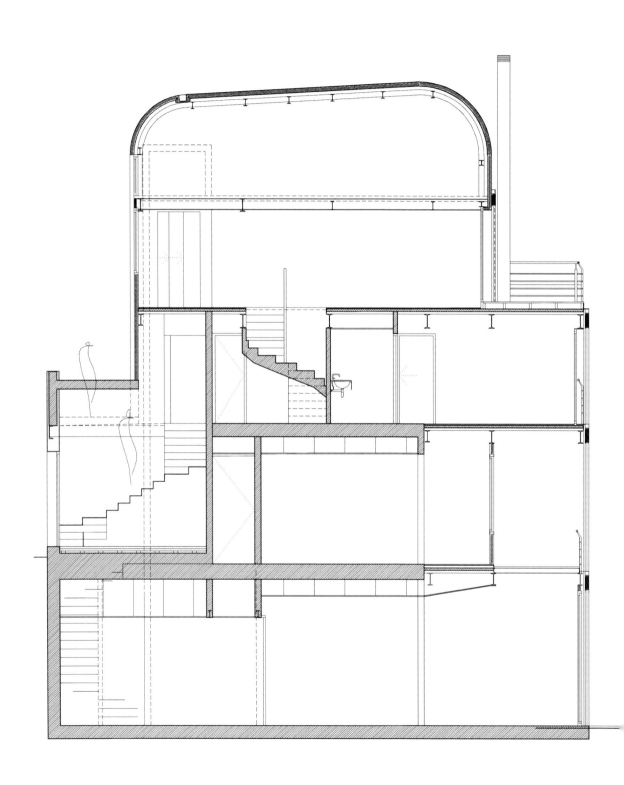

A few of the metallic stairs projected (each home has its independent access from the ground floor, as if they were independent houses). Some have been designed with a central axis, other with folded metallic sheets, some overhanging, others stand on the walls.

Varias de las escaleras metálicas proyectadas (cada vivienda tiene su acceso independiente desde planta baja, como si se tratase de viviendas independientes). Algunas se han diseñado con eje central, otras con chapa plegada, unas voladas, mientras otras se apoyan sobre las paredes.

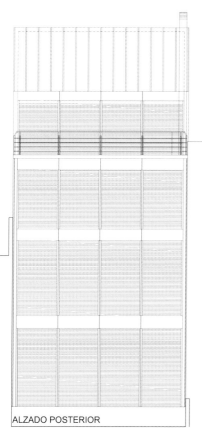

Posterior façade, plan elevation (where the most remarkable is the neutrality of the slats) and finishing with the chimney of the BBQ that the three houses share. As good Argentinians, the Sunday roast is fundamental.

The parent's home, located on the ground floor and cellar, with access to the garden, the communal swimming pool and the BBQ. Image of the double space from the living room with a skylight that allows light to reach the back of the house.

Fachada posterior, alzado (en el que lo más remarcable es la neutralidad de lamas) y remate con la chimenea de la BBQ que comparten las tres viviendas. Como buenos argentinos, el asado del domingo es fundamental.

Vivienda de los padres, situada en plantas baja y sótano, con acceso al jardín, la piscina comunitaria y la BBQ. Imagen del doble espacio del salón con una claraboya que permite que luz llegue hasta el fondo de la vivienda.

ALZADO POSTERIOR

CLÍNICA OLIVÉ GUMÁ

Olivé Gumà Clinic

Barcelona, Spain
Coauthor: Guim Costa (costaserra arquitectura)
Project Director: Francesco Soppelsa
Photos ©: Lluis Casals, Manu Pineda

After building their headquarters in Barcelona, Mutua Madrileña commissioned us to join the technical staff who had been working on this project for 6 years. The building was classified as historical, despite it not having much value. The easy way would have been to adapt to the license it had been conceded, but all that takes too much effort and buildings last too long to let pass up an opportunity to try to build something interesting, instead of the anodyne devotion to mimicry. An opportunity misused is a lost opportunity ("a time is only once" Kundera would say). It's evident that a better distribution allows for better working conditions and sometimes even, to gain consultation rooms in relation to the program imposed. But the warhorse was that double skin that in the shape of slats will line the new added floor and will engage in a dialogue with the old windows when they become new brand boxes, so the added floor and the pre-existing elements are just one thing. Behind them, in their own way, we have so many other projects by Ben van Berkel Holl, Tuñón and Mansilla, Eric Miralles… encouraging us to keep on fighting.

Tras realizar su sede en Barcelona, Mutua Madrileña nos encargó incorporarnos al equipo de técnicos que llevaba 6 años trabajando en el proyecto. El edificio estaba catalogado, a pesar de que no tiene ningún valor en si mismo. La fácil hubiera sido haberse adaptado a la licencia concedida pero cuesta demasiado esfuerzo todo y los edificios duran demasiado, como para no dejar pasar la ocasión de intentar hacer algo interesante, en vez de lo anodino de apostar por el mimetismo. Una ocasión desaprovechada es una ocasión perdida ("una vez es sólo una vez", dirá Kundera). Que una mejor distribución permita mejores condiciones de trabajo y a veces, incluso, ganar salas de consulta, respecto del programa impuesto, es evidente. Pero el caballo de batalla fue esa doble piel que, a modo de lamas, forrará la remonta y dialogará con las nuevas cajas en las que se convierten las antiguas ventanas, para que la remonta y la preexistencia sean una misma cosa y, detrás de la cual están, a su manera, otros tantos proyectos de Ben van Berkel a Steven Holl, de Tuñón y Mansilla a Enric Miralles, animándonos a seguir luchando.

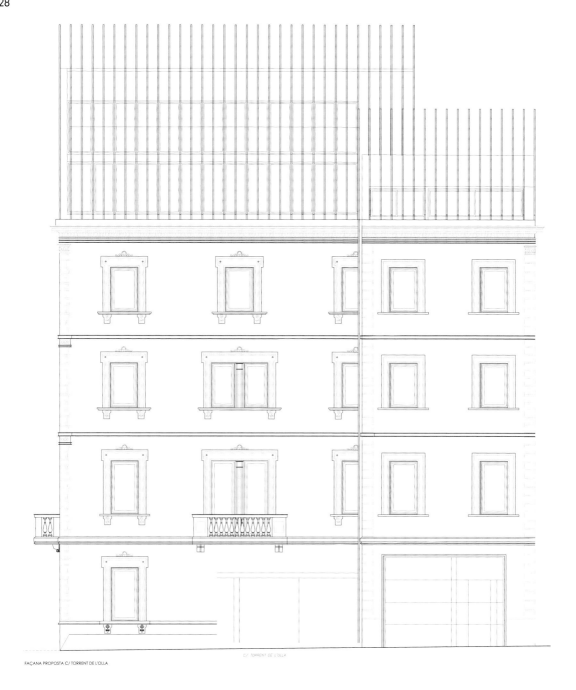

FAÇANA PROPOSTA C/ TORRENT DE L'OLLA

C/ TORRENT DE L'OLLA

Elevation of Torrent de l'Olla street where we can see the enlargement, resolved on different heights depending on the width of the street the building is looking towards (towards Córcega St. you can superpose two floors) and equivalent picture.

Alzado a calle Torrent de l'Olla en la que se ve la ampliación resuelta a distintas alturas en función del ancho de la vía a la que da frente el edificio (a calle Córcega se pueden superponer do plantas) y foto equivalente.

ALZADO

D

he windows become tribunes by means of those cut steel cubes
nat help to see the intervention as a whole, away from the two-
avour ice cream that added floors generally turn into.

ccess hall (from where it is possible to access the day clinic and
 the emergency service, service that has also an independent
ccess for the ambulance). On the next page, images of the
edical consultation rooms.

Las ventanas se convierten en tribunas mediante esos cubos de
acero corten que ayudan a considerar la intervención como un
todo, lejos del helado de dos gustos en el que, frecuentemente se
transforman las remontas.

Hall de acceso (desde el que se puede acceder a la clínica de día
y al servicio de urgencias, servicio que tiene también un acceso
independiente en ambulancia). En la página siguiente, imágenes
de las consultas médicas.

ground floor / planta baja

model floor / planta tipo

The fact of locating the consulting rooms perpendicular to the façade, compressing the waiting area, allowed to double the number of consultation rooms initially planned, increasing the capacity of the business significantly. Images of the waiting room, the consultation rooms and the interior façade to patio.

El hecho de colocar los consultorios perpendiculares a fachada, comprimiendo la zona de espera, permitió doblar el número de consultas, inicialmente previstas, aumentando significativamente la capacidad de negocio. Imágenes de la sala de espera, los consultorios y la fachada interior a patio.

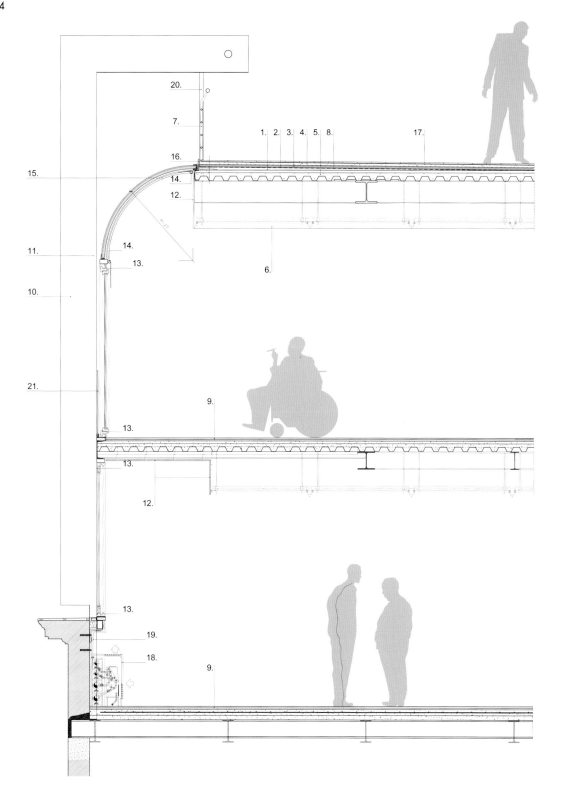

Section and details of the slats that finish the upper floor. The building gets dissolved in them, something that is aided by the curved disposition of the glass finishing behind the slats.

Sección y detalles de las lamas de remate de la planta superior en las que el edificio se disuelve, algo a lo que ayuda la disposición curva de los cristales de remate, tras las lamas.

A few references and the same old poorly-formulated question
(a letter to the students at the workshop given in Boiano, Italy, in 2007)

On our work as architects

Our fate as architects will be more and more dedicated to working on compact environments. The urban lifestyle is the arena where we develop our talents and for every single-family house we raise, we are build more collective housing, offices, sports complexes, shopping centers or other types of facilities, right in the heart of the city itself, and mostly by giving old buildings a new use… To reduce it down to a simple caricature, we will be building more buildings with a single façade between party walls than those with four sides…

Therefore, the question or doubt on whether to "renovate or innovate" has sparked, for many years now, an endless string of debates and workshops, ones which I normally take part in… "Tradition or creation?" I was once asked, as if both terms were opposed to one another; if one had to choose between the two… Daytime or nighttime? Blondes or brunettes? you might ask, until someone cleverest said, daytime, depending on the blonde… And how right they were… Because the only rule is that there are none (but you can't go on and on about that).

On poorly-formulated questions

On the other hand, renovation is a rather deceptive term, as the prefix re- seems to suggest recovery, a return to a certain past, to a state of things which often never really existed in the first place. In the 80's, we renovated old residential buildings to convert them into offices to let (it was the fashion at the time, understanding that being fashionable is, in the development world, the most profitable business), while today we are renovating old rundown factories or commercial buildings into trend-setting loft and luxury apartments, right in the city center… The results in either case have no relation whatsoever to the pre-existing structure we had started with…

In any case, we concur with Siza Vieira in what is truly important, as he said when the entire known world had their say on what style ought to be used in rebuilding Lisbon's Chiado, burnt down in a terrible fire in the summer of '89. The only thing that mattered to him was that the neighborhood be given a mixed-use space, which it would have had if the cathedral had never burnt down in the first place… The problem with a question with no answer to it is that the answer tends to stem largely from the question itself (often poorly formulated), rather than in the nonexistent answer.

On the Italian condition

And this happens all over the world… The "global village" advocated by MacLuhan is already here, with its wars fought in real-time and the omnipresence of the information society. But this particularly occurs in Italy, where the "presence of the past" (this was the title of one of the first Biennales of Architecture in Venice) is so rich and fruitful but at times so castrating that it has created a nearly crystallized country where nothing new is ever built, with this happening for many years now. Thus magnificent architects are often forced to emigrate, take refuge in teaching, or resort to devoting themselves to the world of design and fashion (and I refer to these same thoughts expressed by the protagonist of the film "Hollywood Babylonia", the grandson of Italian immigrants who makes circus props for rather cut-rate films, while his grandfathers had raised the most beautiful cathedrals man had ever seen).

When Benvenutto Cellini presented himself as "the greatest goldsmith in the world" and, troublemaker as he was, picked a fight with Miguel Ángel Buonarrotti, the latter replied that if what he had said were really true, that "if he was 'indeed master of the small-scale', it was because he had never dared to go large", in the scale of the real (so if you want to really make it big in basketball, you're forced to play in the NBA. Any lesser league would be too provincial)…

On why architecture is not being done in nearly every country in the world

Although architecture is not found in every country, one thing is construction and quite another architecture… Perhaps instead we should say that it can be found in very few places, although for rather different reasons… The endemic economic crises that many countries in Asia, Africa, and Latin America suffer, not to mention the case of political corruption (not always in the same package) clips the architecture's wings in many countries, except in honorable exceptions.

On the contrary, in a wealthy country such as the United States of America, the amount of insurance required to cover possible lawsuits (I was told, when I was giving classes in Rhode Island, that to strike it rich in the United States you only needed have something to sell or someone to sue) was so much that young architects would be too handicapped to ever start up their professional careers. Around 90% of buildings there, and many other parts of the world, are indeed built without architects. So where in the world can we truly be architects?

On the dichotomy of form and content

In architecture, it also happens that we can completely agree on an idea, but its materialization becomes rather difficult to agree on. However exclusive (so ugly this word that everyone uses nowadays, some to buy and others to sell, but always to stand apart from the rest) … as I was saying, however exclusive your clients feel themselves to be, you have no idea how much they mimic each other in the programs they desire… Just by taking one look at them, you can write their "Dear Santa card" for them… But how different, in the end, will each of their houses be!… Its also enough to see how different, I would even say disparate, the solutions are from the multitude of architects called to take part in international bidding. If the needs are the same, if the private desires coincide, why are the answers so different? We could talk about the program, but the program doesn't create the form, as we have seen. We could talk about the place, the building code, the choice of materials, the architect behind the project and decisions taken… The creative process is always a mystery… This is the key.

"Think of a dog" I usually say to my students, and while one will think of a chihuahua, another will think of a German shepherd. Both believe they are talking about the same dog, and this is where the misunderstanding begins. This happens in politics for sure, but also in architecture. Making sure what we're talking about before we start talking about it ("what we mean when we talk about love" said Raymond Carver) usually helps avoid a misunderstanding... This it happens when you hear students talking, as many times what they say (what they wanted to say) does not always coincide with what you see in their projects and they end up confusing the "want" and the "can" and finally the "do". And they do exactly the opposite of what they had stated they wanted to do, which usually has serious consequences, especially in what is referred to as coherence in the process, the loss of awareness, losing direction.

On change in use

Centuries ago, Greek temples stopped being used for the purpose that they had been created, but today we are still overcome by their serene beauty... One might ask what was truly important, the purpose of providing a place to worship the gods, or staking out territory, or making the light of the setting sun sparkle over the walls, or acting as a lighthouse to sailors or allowing the community to meet indoors (or don't forget, as Bruno Zevi has said, the Greek temple is "the impenetrable dwelling of the gods.") Or perhaps to simply move us...

Behind its superimposed Baroque façade, the cathedral of Siracusa still maintains the Greek columns of the Doric temple intact, which was the mihrab in the period when the cathedral was a mosque, and the structure when it was a Norman church... This is perhaps because, when all is said and done, there is only one God. Perhaps because there is no better stone for us than the one that others had already cut (and this is what I'm referring to when I mention "reuse" upon beginning this letter).

Face to face with the past... face to face with the future

The past must be dealt with on equal terms with immense respect, but with brave assertions. Either architecture is culture, and thus fruit of a certain context and time, or else it is doomed to failure, a still-born child (which is what happens in the enormous joke called "post modern", a movement developed between the late 70's and the 80's which was more a sad "post mortem" than anything else).

In all of this mess, we must keep it clear that our only obligation is to leave the world a little bit better than we found it. The tree that we plant today will give shade to our grandchildren. And it is important for us to feel like links on a chain, part of a tradition that precedes us and survives us. At times, I look at you and see that what is for me simple passing fashions, for you it is the only form of creating architecture, that which is shown to you in today's journals. You believe that things have always been done this way and this attitude is the result of a lack of perspective and knowledge.

But you also must take into account that heritage is not only pre-existing Roman or Greek structures, nor is it the 17th-century Baroque, which here you call "Settecento". A heritage – and a rather generous one it's true – has been left from the 20th century and our work will be heritage if it passes through the sieve of time and we are able to bequeath it to our grandchildren. We are building the heritage of our grandchildren. Never forget it.

The price of things

At a certain age, you know that everything has a price (not when you're young, though). Sometimes you don't know what you're paying for. In life, things happen... but someone always ends up paying the price. You believe time is today and infinite, but at a certain age, you know that's not true. You can always do one thing, but at the cost of many things you cannot do. When you choose, you reject much more than what you have chosen. And then, when you're ready to buy, the only important thing that you can't really buy is that thing called time. Later, we (and you) are at least obligated to not lose any more time, from now on. Beyond that, as goes the saying, it would be foolish to confuse value with price.

This happened to me on Minorca... years ago, I asked for a few pastries in a bakery which they didn't want to sell me because, "some regular customers would have to go without". When I asked the baker why they just didn't make more in summertime, she told me that she lived just fine on 50 a day... So, I know that I have to work, and that I don't have much time... And not because I don't have any, but because others no longer have any left. "Life is short but wide, and that's why we have to live it across the board" (as architect Gabriel Ruiz Cabrero has said, who was once told this by his father). I happen to like the image of this rushing river we call life, which I would like to share with you today.

Clients...

There is no architecture without clients. But most of all, there is no architecture without architects. The client is not our opposite, but someone who allows us to do our work. Primarily it is a man or woman who comes to need our services to help them solve his or her problems. Using the "opposing" force to our own benefit, which is to say the project, ought to be the slogan of our work. Without a good client, a good project does not exist, but above all, without a good architect, there cannot possibly be a good project. Here lies the importance of the power of seduction in our projects. We might suffer, but the project must not.

On the other hand, we can't blame others for our own incompetence... The lack of money, the client who won't leave us alone, excessive regulations, we feel constricted, we are clamped down... But a good forward can elude the defensemen following him. If he can't, it might just be that he isn't such a good forward after all...

On the force of images

I'm giving you a two-hour conference where, due to the demands of the script (by which I mean the audience), I should simultaneously use three of the six languages I speak. It's a good thing that the language of the image is universal. This conference deals with some of the intervention work out in the historical context in this, my city, Barcelona.

And I'll show you how the renovation of the L'Illa shopping centre constructs a metaphor of what is an island (through the use of light, water, abundant vegetation, and reflection) or how a 100-m2 light in Pedralbes Centre will bathe all in a soft changeable light to play with the more sophisticated image it aims to have... Or how we transform an old clinic into a lighthouse, superimposing Corten steel skins on the old façade, or how we integrate stucco metal façades or wooden plank skins into several brick-faced residential buildings in the heart of the city... Or the many office buildings where we have always tried to convince our clients that amount of surface area didn't matter as much the amount of cubic meters of air there was (a true luxury) and how beautiful houses sell better, like beautiful girls get married earlier (if they want to, of course, don't take me as sexist). Or how we did the renovation in what today is the Mutua Madrileña headquarters so 110 workers could have natural light in the basement (which was nearly what mattered most to us, as architects primarily ought to solve the problems that were entrusted with for those who actually work there). Things tend to be beautiful, but especially when they are truly so.

I'll show you around thirty buildings, but I could easily show you another thirty and another thirty after that. We have built more than a hundred, nearly 120... an average hovering around 5 a year (it all depends on how we look at the numbers). I can't imagine Cervantes starting all his novels with "somewhere in La Mancha, whose name I don't wish to remember" and then changing the reference accordingly to the story to be told. "Once is enough" said Kundera in his "The Unbearable Lightness of Being". And things tend to happen this way. We can not go back and repeat what has already been done (although some clients do keep pestering us to do so).

In time, you feel that your language becomes purified, and you no longer have that sense of urgency as you once did, no need to spell it all out in every project; that you know what here isn't being said will have another opportunity to be said somewhere else. And that even if you have a lot of things left to say, you know that there will still be plenty that will never be said.

Don't look at what I do ...

You asked me for the prints from the conference, a webpage to look up... But here I'm going to express the principles and give away the references. know that a picture is worth a thousand words (especially for those who can't read), but in honor of our Mexican guests, I'm going to cite a few words of a master from their country; "Don't look at what I do, but what I see", said Barragán, when he was awarded the first ever Pritzker Prize. It was as if this was only way of creating a work of his own, rooted in his tradition, not a reinterpretation of another's voice. An this is what you must try to do each one of you.

Although they also said Bach, before composing his own music, would sit down at the piano to warm up and play the pieces of others until his fingers were warm enough for him to find his own music to compose. And if this is what the prolific Bach did...

The conflict between faith and incredulity

J.A Coderch's speech, upon being named member of the St. George's Royal Academy of Fine Arts, rather sums it up: "Open your eyes wide and look – it is much simpler than you can imagine"... And this invites us to seek out the one, not the architect, who is... "Behind every building you see, there is someone you can't see". "No, It isn't geniuses we need now. I think geniuses are events, not goals or purposes (...) We need the thousands and thousands of architects who are out there in the world think less about Architecture (in capital letters) and the money available in the cities of the year 2000 (Coderch wrote this in 1961) and more in their profession of being an architect... always basing themselves firmly in dedication, good will, and honor".

Identical principles and an identical attitude is found in the writings of Eduardo Chillida, the magnificent Basque sculptor... I recommend reading any of his books for this reason. And one who reads these things whilst young ends up believing them. And I would like to share them with you.

On the other hand, Goethe states (which Coderch quotes in the same reference) that "All the times when faith was predominate are brilliant. No matter which way it was represented, the heart is lifted and bears fruit in either the present and the future. On the contrary, in all the times when incredulity stated its sad victory, in whatever manner and even when it appeared to shine for a time in false splendor, with posterity it disappears from view, because there is nobody who likes to bother learning about what has not bore fruit."

Losing yourself on roads to nowhere

They asked Álvaro Siza if he wasn't angry with officials in his native land, as being the most internationally renowned Portuguese architect he nevertheless was not commissioned for as many public projects as he deserved (Nemo profeta in patria). To which Siza answered, somewhat laconically, "I don have time to be angry". I love this answer, this sense of not getting your blood up, this attitude... When you know which path to go down, you don have time for such nonsense.

Always different

I had the luck of working for Coderch's firm, and after that for Enric Miralles. Enric always forced us to do things differently, as the only absolutely vital principle was to "do it differently each time". Between using disjunctive and copulative conjunctions, the option is always to copulate. "If there's a beard it'll be Peter, if not, Jane", which isn't much different from what Einstein used to say... "if I knew where I was going, I wouldn't call what I'm doing research". In projects and in life (which are no more than mere trips) you don't know where the port of arrival is... Only by thinking differently can you truly do things differently.

On the individual ways of working...

"When I don't play for one day, I notice the difference. When I don't play for a whole week, everybody notices". If this happened to Rubinstein, why couldn't it happen to us? Eduardo Chillida said in his memoirs that drawing came so easily to him that to not fall in love with his own drawings, he would tie his right hand behind his back and try to draw with his left hand…this is strength. Don't confuse the means (drawing) with the end (his sculpture), with the art itself, or the capacity of emotion… De la Sota, another great Spanish architect from the 20th century, said something similar when he proposed drawing the project on his head before passing it to paper, so as not to fall in love with his own pencil marks. Because a painter who wants to paint paints, a musician who wants to compose composes… and a writer who wants to write writes. But an architect has to resort to other more distant disciplines from the constructive process itself to express their ideas before carrying them out. And in this superposition of languages, there are certain things which grate against each other…

Pepe Llinàs, an architect I admire among many others, told me that "after working he was always stuck with the solution which he thought was best, not that which best represented his initial ideal". Because nobody cares about our personal problems, but they do care about the final results we provide. This is why, in the public critiques of your work when I hear you speak of such and such intentions which I don't see later reflected in the drawings, I start to worry.

Because I think ideas are like Tarzan's vines or crutches for a limp, which can be used until they no longer are of use, and because Tarzan swings from vine to vine to go forward. Sticking with the same idea, on the same vine, ends up with us looking at our naval with the result being self-complacency and the worst possible swinging of all. Can you see my point?

Stones are mirrors…"All the fondness you put into stones they give you right back…" I know of no other law.

Playing without a ball

I told you in the critique the other day that things are not always what they seem. Church cupolas from the Romanic to the Baroque are finished in golf leaf or painted sky blue, as the cupola is a metaphor for the canopy of heaven and the sky is blue or golden, depending on what time of day it is. The sky is where the light of the Word comes from, often symbolized by what is filtered by the lantern which is the name of the thing which at times tops off the cupola itself.

I also mentioned that when Le Corbusier built those horns atop his Chandigarh, in addition to building a metaphor to cow horns or the astronomical instrument of the magnificent Jaipur observatory, he was building an inverted cupola. Once inside, we are left to ourselves in direct contact with heaven, as we are on the rooftop terrace of the Tourette, or as seen in another way, the inclined façade of his Firminy youth center which keeps us covered us without covering us. As one person might be silent to tell us something, or say its opposite, because opposites indeed touch each other. And at times, it is more intelligent to turn things around and play without a ball.

The mystery

García Lorca, the poet vilely assassinated in the Spanish Civil War, once said "I know that I'm a poet, by the grace of God or the devil I don't know, but I know that I'm a poet. And not from writing poetry, but for knowing how to recognize a good poem". This gives me shivers down my spine because you and I might never be the architects we want or would like to be one day, but we will be, we can be architects as long as we know how to recognize good architecture. "Verde que te quiero verde, verde viento, verde mar"

On the other hand, Albert Einstein also said, in his search for the equation that would unify gravitational and electromagnetic forces and aside from his famous "God doesn't roll the dice", that "the most beautiful thing that man can feel is the mysterious side of life. There is the true birthplace of art and science". If, as Auden said "a rose is but a rose", perhaps he who smells it knows more that he who rips its petals off to analyze them under the microscope. This mystery – this fragrance – is what I'd like to share with you today and what has moved me most in writing this letter to you. Without any spirit to lecture anybody.

Octavio Mestre / Boiano, August 2007

Note:

Eight years has passed since I wrote this text. I used to illustrate the first of the monographies about our work published by Monsa. But rereading it, it seems to me, it hasn't lost an ounce of its validity and sense. More so talking about a monography dedicated to rehabilitation (the text was written for some Italian pupils after a summer course organised by the Federico II University of Naples, with teachers from La Sapienza in Roma and the Polytechnic School of Milan, since in Italy there is nothing to do but to rehabilitate their huge past). Some of these projects had already been published with profusion, but the edition of those books is already sold out today… some others are new. Despite of the crisis one had kept on working. The causes why we rehabilitate buildings tend to be the modernization of facilities or a change of image, according to our time, and sometimes, just sometimes, volumetric reasons. It is then when either in added floors or in old buildings, the dialogue between the parts becomes more delicate, more interesting, as it happens with the houses in the Sagitur Street or in the enlargement of the added floor of the Aresa Clinic and in the Levante's headquarters. The works in which we have intervened belong to different historical moments; the Palau Macaya, our own professional office or the Casa Oller, Levante's headquarters are modernist: the Minerva building and the Mansion are from the 30s to the 50s; in Prosegur we had to put together a late gothic patio (s.XVI) with a tire store from the 70s, while the offices in London are from a Georgian building recently refurbished; the MM in BCN is a building from the XIX, while that from Madrid is an ensemble of Gutierrez Soto or the Diagonal 409 of Eusebi Bona. The patrimony doesn't cling to a particular period. We all should aspire to make works that are at the same time contemporary with our on time and patrimony at the same time, since everything is susceptible of becoming patrimony and it is our duty to leave a better world that the one we found ourselves.

Unas cuantas referencias y la misma pregunta de siempre mal formulada
(Carta a los alumnos del Workshop impartida en Boiano, Italia 2007)

Sobre nuestro trabajo como arquitectos

Cada vez más, nuestro destino como arquitectos será trabajar en entornos consolidados. La condición urbana es el medio en el que nos desenvolvemos y por una vivienda unifamiliar que levantemos, haremos vivienda colectiva, oficinas, centros deportivos, centros comerciales o equipamientos de todo tipo, en plenos centros urbanos y en la mayoría de los casos, reutilizando antiguas edificaciones... Por reducir las cosas a su caricatura, haremos más edificios de una fachada, entre medianeras, que edificios a cuatro vientos....

Así pues, la pregunta, la duda de si "rehabilitar o innovar" anima, desde hace años, un sinfín de debates y cursos en los que estoy habituado a participar... ¿Tradición o creación? Me preguntaron, una vez, como si ambos términos fueran opuestos, entre los que uno estuviese obligado a escoger... ¿el día o la noche? ¿Rubias o morenas? Que decía el otro, hasta que el más listo respondió, un día, que dependía de la rubia... Y cuanta razón.... Porque la única regla es que no hay reglas (pero no lo vayáis explicando)

Sobre las preguntas mal formuladas

Rehabilitar es, por otra parte, una terminología engañosa. Porque el prefijo Re- parece sugerir recuperar, volver a un pasado, a un estado de las cosas que, a menudo, nunca existió previamente. En los años 80 rehabilitábamos viejos edificios de viviendas para convertirlos en oficinas de alquiler (estaba de moda, entendiendo por estar de moda, para el mundo de la promoción, que era más rentable) mientras ahora, rehabilitamos viejas fábricas o edificios comerciales en desuso para establecer en ellos lofts y viviendas de lujo, que rompan los moldes usuales, en pleno centro de la ciudad... Nada tiene que ver, ni en un caso ni en el otro, el resultado con la preexistencia de la que partíamos...

Compartimos, en todo caso, con Siza Vieira que, lo que es importante, como decía cuando el mundo entero se planteaba qué estilo utilizaría en la recuperación del Chiado lisboeta, quemado tras un virulento incendio en el verano del 89, que lo único que le importaba era dotar de usos mixtos a un barrio que, de haberlos tenido, nunca se hubiera quemado... El problema de las preguntas sin respuesta suele radicar más en la pregunta (a menudo mal formulada) que en la respuesta inexistente.

Sobre la condición italiana

Y eso sucede en todo el mundo... La "aldea global" que preconizara MacLuhan ya está aquí, con sus guerras en tiempo real y la omnipresencia de la sociedad de la información. Pero sucede, especialmente, en Italia donde la "presencia del pasado" (ese fue el título de unas de las primeras Bienales de Arquitectura de Venecia) es tan rica y fructífera, pero a veces tan castrante, que hace del país, un país casi cristalizado, donde no se produce nada, desde hace años. Así magníficos arquitectos se ven obligados a emigrar, a refugiarse en la docencia o a volcarse en el mundo del diseño y de la moda, como remedio, muchas veces (y me remito a la meditación que expresa el protagonista de la película "Hollywood Babylonia", él, nieto de emigrantes italianos, haciendo atrezzo circense para películas de poca monta, cuando sus abuelos habían levantado las más hermosas catedrales que nunca el hombre haya hecho.

Cuando Benvenutto Cellini se presentaba a sí mismo como "el mayor de los orfebres del mundo", y se metía, pendenciero como era, con Miguel Ángel Buonarrotti, éste le respondía., que si bien era cierto lo que decía, que "era maestro de lo pequeño, lo era porque nunca se había atrevido con lo grande", con la escala de las cosas de verdad (uno si quiere ser realmente grande en baloncesto debe, forzosamente, triunfar en la NBA. Todo lo otro serán ligas de provincias)...

Sobre por qué no se hace arquitectura en casi ningún país del mundo

Aunque la arquitectura no se da en todos los países, que una cosa es la construcción y otra la arquitectura... Más bien diríamos, que se da en muy pocos, aunque por razones muy diversas... La crisis económica endémica en la que viven inmersos muchos países de Asia, África o América latina, sumada a los casos de corrupción política (no siempre una y otra coinciden) hace que en muchos países, la arquitectura vea recortada sus alas, excepto en honrosas excepciones.

Pero, a la inversa, en un país rico como es los Estados Unidos de América, los seguros para cubrirse de las posibles denuncias y juicios (me dijeron, cuando daba clase en Rhode Island que en Estados Unidos para hacerte rico bastaba con tener algo que vender o alguien a quien denunciar) hace que los arquitectos jóvenes no puedan arrancar una trayectoria profesional, que ya vendrá condicionada por ese hecho. Al margen de que el 90% de los edificios se hacen sin arquitecto. Allí y en muchas otras partes del mundo ¿Dónde podemos ser, entonces, arquitectos?

Sobre la dicotomía de forma y fondo

Sucede además que, en arquitectura, todos estamos de acuerdo en las ideas, pero muy difícilmente nos ponemos de acuerdo en su materialización. Por muy exclusivos (es palabra tan fea que todos utilizan, unos para comprar y otros para vender, pero siempre para diferenciarse del resto)... como digo, por muy exclusivos que se sientan tus clientes, no sabéis como se repiten en los programas que desean... Sólo con verlos, les podría hacer la "carta a los Reyes Magos"... Y sin embargo ¡qué diferentes serán, al final, las viviendas de cada uno de ellos! Basta ver, también, cuan diferentes, incluso me atrevería a decir dispares, son las respuestas de los diversos arquitectos invitados a los tantos concursos internacionales que se convocan. Si las necesidades son las mismas, si los deseos íntimos coinciden ¿Por qué las respuestas son tan diferentes? Hablaríamos del programa, pero el programa no da la forma, como hemos visto. Hablaríamos del lugar, de la normativa, de la elección de materiales, de aquel arquitecto que está detrás y toma decisiones... El proceso de creación es siempre un misterio... Ahí radica la clave.

"Imagina un perro" les suelo decir a mis alumnos y, mientras uno imagina un chihuahua, otro imagina un pastor alemán. Ambos creen estar hablando del mismo perro y de ahí surge el primer malentendido. Esto sucede. En política, pero también en arquitectura. Dejar claro a qué nos referimos cuando hablamos de algo ("de qué hablamos cuando hablamos de amor"... decía Raymond Carver) suele evitar más de un malentendido... Porque sucede, cuando uno oye hablar a los alumnos, que muchas veces lo que dicen (lo que decís) no coincide con lo que uno ve en sus proyectos y acaban por confundir el quiero con el puedo y, finalmente, con el hago. Y hacen justo lo contrario de lo que enuncian que deseaban hacer. Y eso suele tener graves consecuencias. Sobre todo en lo referente a la coherencia del proceso, a la pérdida de conciencia, a confundir el norte.

Sobre el cambio de uso

Los templos griegos hace siglos que dejaron de servir a la función par la que fueron creados, pero hoy siguen emocionándonos con su belleza serena... Y uno se pegunta si lo importante era la función de dar culto a los dioses o marcar el territorio, o hacer reverberar la luz del sol al atardecer sobre sus muros, servir de faro a los navegantes o permitir a la comunidad reunirse en torno a él (no olvidéis que, como dice Bruno Zevi, "El templo griego es la morada impenetrable de los dioses". O, quizás, simplemente, emocionarnos...

La catedral de Siracusa aún conserva hoy, tras su fachada barroca sobrepuesta, las columnas griegas del templo dórico que fue, el mihrab del periodo en que fue mezquita y la estructura de cuando fue iglesia normanda... Quizás porque, al fin y al cabo, sólo hay un único Dios. Quizás porque no hay piedra mejor que la que otros ya tallaron antes, por nosotros (y me remito con ello a cuanto enunciaba al empezar esta carta sobre la reutilización).

Cara a cara con el pasado... cara a cara con el futuro

Al pasado hay que tratarlo de tú a tú, con inmenso respeto, pero con valentía de afirmación. O la arquitectura es cultura y, como tal, fruto de un contexto y un tiempo o sino esta llamada al fracaso, a nacer ya muerta (que es lo que le pasó a esa inmensa broma que se llamó "post modern", movimiento que se desarrolló entre finales de los 70 y los 80 y que fue más un triste "post mortem" que otra cosa).

En todo este embrollo, debemos de tener claro que nuestra única obligación es dejar el mundo un poco mejor de cómo lo encontramos. El árbol que hoy plantamos dará sombra a nuestros nietos. Y es importante que nos sintamos eslabones de una cadena, parte de una tradición que nos antecede y nos sobrevivirá. A veces os observo y veo que, lo que para mí son simples modas, para vosotros es la única forma de hacer arquitectura, la que os cuentan las revistas de hoy. Pensáis que siempre se ha hecho así y eso es por falta de perspectiva y de conocimiento.

Pero deberéis de tener en cuenta también que el patrimonio no es solo la preexistencia romana o lo griego, ni el barroco del siglo XVIII, que aquí llamáis "Settecento". Patrimonio -y muy generoso, por cierto- lo ha producido el siglo XX y patrimonio será nuestro trabajo si pasada la criba, el cedazo del tiempo, somos capaces de legarlo a nuestros herederos. Nosotros estamos construyendo el patrimonio de nuestros nietos. No lo olvidéis nunca.

El precio de las cosas

A cierta edad, uno sabe que todo tiene un precio (de joven no lo sabes). No sabes ni siquiera que lo estás pagando. La vida sale al encuentro... pero siempre hay alguien que paga. Crees que el tiempo es infinito y hoy, a cierta edad, sabes que no. Que haces una cosa siempre a costa de otras muchas que no haces. Que al elegir estás desechando mucho más de lo que eliges. Y que, puestos a comprar, lo único importante, sería aquello que no puedes realmente comprar, es decir, el tiempo. Luego, por lo menos, estamos (y estáis) obligados a no perderlo, desde ahora. Al margen, como dice el refrán que sería de necios, confundir el valor con el precio.

Me sucedió en Menorca... hace años pedí en la panadería unas pastas que no me quisieron vender porque, sino, "dejaría sin ellas a otros clientes habituales". Cuando le pregunté a la señora porque no hacían más en verano, me dijo que "con 50 al día, ella ya vivía...". Y, sin embargo, yo se que tengo que trabajar, que no me queda tiempo... Y no porque no me quede, sino porque otros ya no lo tienen. "La vida es corta pero ancha, por eso hay que vivirla al través" (cuenta el arquitecto Gabriel Ruiz Cabrero, que le decía su padre y a mi me gustó tanto la imagen, de ese tan caudaloso río al que llamamos vida, que quiero, hoy, compartirla con vosotros).

Los clientes...

No hay arquitectura sin clientes. Pero, sobre todo, no hay arquitectura sin arquitectos. El cliente no es nuestro contrario, sino aquel que nos permite hacer nuestra obra. Pero es sobre todo un señor /a que viene a requerir nuestro servicio para que le resolvamos sus problemas. Utilizar la fuerza del "contrario", en beneficio propio, es decir del proyecto, deberá de ser lema de nuestro trabajo. Sin un buen cliente no hay un buen proyecto, pero, sobre todo, sin un buen arquitecto es cuando no haya buen proyecto. De ahí la importancia que tiene el poder de seducción de nuestras propuestas. Nosotros podemos sufrir pero el proyecto no.

Por otro lado, no culpemos a los demás de nuestras propias incompetencias... La falta de dinero, el cliente que no nos deja, la reglamentación excesiva, nos atenazan, nos encorsetan... Pero un buen delantero sabrá escaparse de los defensas que le persiguen. Si no, es posible que no sea tan buen delantero...

Sobre la fuerza de las imágenes

Os doy una conferencia de dos horas en las que, por necesidades del guión (es decir del público asistente) debo emplear simultáneamente tres de los seis idiomas que hablo. Suerte que el lenguaje de las imágenes es universal. La conferencia versa sobre algunas de las intervenciones en el contexto histórico de ésta mi ciudad que es Barcelona.

Y os enseño como la reforma del centro comercial L'Illa construye una metáfora de qué es una isla (trabajando la luz, el agua, la vegetación lujuriosa y los reflejos) o cómo, en el Pedralbes Centre una luminaria de 100 m2 bañará todo de una suave luz cambiante, a juego con esa imagen más sofisticada que se pretende… O de cómo transformamos una vieja clínica en un faro de luz, sobreponiendo unas pieles de acero corten a la vieja fachada, o de cómo integramos diversos edificios de viviendas, en pleno centro de la ciudad ya con ladrillo, ya con estuco, con fachadas metálicas o pieles de listones de madera… O de los tantos edificios de oficinas en los que siempre hemos intentado convencer a los clientes que no importaban tanto los m2 de superficie resultante como los metros cúbicos de aire (ese es el auténtico lujo) y de cómo las cosas bonitas se venden mejor, como las chicas guapas se casan antes (si ellas quieren, claro, y no me tengáis por machista). O cómo hicimos que, en la reforma de la que hoy es la sede de la Mutua Madrileña, 110 trabajadores dispusiesen de luz natural en el sótano (casi lo que más nos importaba, porque un arquitecto debe sobre todo resolver los problemas que le encomienda aquellos para los que trabaja). Las cosas suelen ser bonitas, sobre todo cuando son verdad.

Os enseño una treintena de edificios, pero podría enseñaros otra treintena u otra más. Hemos construido más de un centenar, casi 120… lo que no dejan de ser una media de unos 5 al año (todo depende de cómo hagamos los números). Todos los proyectos pensados siempre desde la voluntad de resolver problemas, pero siempre también desde la voluntad de dar una respuesta formal diferente. No imagino a Cervantes iniciando sus novelas "en un lugar de la Mancha, de cuyo nombre no quiero acordarme…." y que fuese cambiando el nombre de referencia, en función de la historia a contar. "Una vez es sólo una vez" dijo Kundera en "La insoportable levedad del ser". Y suele suceder que es así. No podemos volver a repetir lo ya hecho (aunque algún cliente nos lo pida con insistencia).

Con el tiempo uno siente que su lenguaje se depura, que no tiene las urgencias de antes, que no siente la necesidad de contarlo todo en cada proyecto. Que sabe que lo que no cuente aquí tendrá ocasión de contarlo en otra parte. Y que si bien le quedan muchas cosas por hacer, sabe ya que hay otras muchas que ya nunca hará.

No miren lo que yo hago…

Me pedís las imágenes de la conferencia, una página Web donde acudir… Pero yo voy aquí a enunciaros los principios, a regalaros las referencias. Ya sé que una imagen vale más que mil palabras (sobre todo, para el que no sabe leer). Pero, en honor a nuestros huéspedes mexicanos, voy a citar las palabras de un maestro de su país: "No miren lo que yo hago, miren lo que yo vi" (dijo Barragán, en la entrega de la primera edición del Premio Pritzker que le fue concedido), como la única forma de hacer una obra propia, enraizada en la tradición, no una reinterpretación de la voz de otro. Y eso es lo que deberéis intentar, cada uno de vosotros.

Aunque también decía Bach que antes de componer su propia música se sentaba al teclado y tocaba, como para calentar los dedos, las obras de otros, hasta que ya en caliente se le ocurría su propia música que componer. Y si esto hacía el prolífico Bach….

El conflicto entre fe e incredulidad

El discurso de J.A Coderch, al ser nombrado miembro de la Real Academia de Bellas Artes de San Jorge, no tiene desperdicio… "Abre bien los ojos, mira, es mucho más sencillo de lo que imaginas"… Y así nos invita a buscar al hombre, no ya al arquitecto, que está detrás… "Detrás de cada edificio que ves, hay un hombre al que no ves". "No, no son genios lo que necesitamos ahora. Creo que los genios son acontecimientos, no metas o fines. (…) Necesitamos que los miles y miles de arquitectos que andan por el mundo piensen menos en Arquitectura (con mayúsculas), en dinero en las ciudades del año 2.000 (Coderch escribe esto en el año 61) y más en su oficio de arquitectos… siempre apoyándose en una base firme de dedicación, de buena voluntad y de honradez (honor)". Idénticos principios, idéntica actitud hallo en los textos de Eduardo Chillida, magnífico escultor vasco… Recomiendo, a tal efecto, leer cualquiera de sus libros. Y uno, que leyó estas cosas de joven, acabó por creérselas. Y le gustaría compartirlas con vosotros.

Por otra parte, Goethe afirmaba (lo cita Coderch en el mismo texto de referencia) que "Todas las épocas en las que domina la fe, no importa en la forma en que se presente, son brillantes, levantan el corazón y dan frutos en el presente y en el futuro. Por el contrario, todas las épocas en las que la incredulidad de la manera que sea, afirma su triste victoria, incluso cuando sucede que brillan por un tiempo con un falso resplandor desparecen de la vista en la posteridad, Porque no hay nadie al que le guste molestarse en conocer lo que no ha dado fruto".

Perderse por caminos que no tocan

Le preguntaron a Álvaro Siza si no estaba enfadado con las autoridades de su país natal, por ser el arquitecto portugués con más prestigio internacional y al que, sin embargo, no le daban tantos encargos públicos como mereciera (Nemo profeta in patria) a lo que Siza contestó, lacónico: "No tengo tiempo de estar enfadado". Cómo me gustó esa respuesta, ese no hacerse mala sangre, esa actitud… Cuando sabes el camino a seguir, no tienes tiempo para otras menudencias.

Siempre distinto

Tuve la suerte de tras trabajar en el despacho de Coderch, y trabajar después con Enric Miralles. Y Enric nos obligaba a hacer las cosas siempre de manera diferente, como un único principio vital "hacerlo siempre distinto". Entre utilizar conjunciones disyuntivas o copulativas la opción es siempre copular. "Si sale con barba San Antón, sino, Purísima Concepción" que no es muy diferente de lo que solía decir Einstein… "si supiese donde voy no llamaría investigación a lo que hago". En el proyecto y en la vida (que no dejan de ser viajes) no conoces el puerto de destino… Sólo pensando de manera diferente podrás hacer las cosas realmente distintas.

Sobre el método de trabajo de cada uno…

"Cuando no toco un día lo noto yo. Cuando no toco una semana lo nota el público". Y si esto le pasaba a Rubinstein ¿qué no nos pasará a nosotros? Cuenta Eduardo Chillida en sus memorias que tenía tanta facilidad para dibujar que, para no enamorarse de sus propios dibujos, se ataba la mano derecha a la espalda e intentaba dibujar las cosas con la mano izquierda… eso es rigor. No confundir el medio (el dibujo) con el fin (su escultura), con el arte en si. Y la capacidad de emoción... De la Sota, otro gran arquitecto español del siglo XX, decía algo similar cuando proponía dibujar el proyecto en la cabeza antes de pasarlo al papel, para no enamorarnos de nuestros propios trazos. Porque un pintor cuando quiere pintar, pinta... un músico cuando quiere componer compone... y un escritor cuando quiere escribir, escribe. Pero un arquitecto debe de recurrir a otras disciplinas, ajenas al propio proceso constructivo, para expresar sus ideas antes de poderlas llevar a cabo. Y en esa superposición de lenguajes hay ciertas cosas que chirrían...

Pepe Llinàs, arquitecto que admiro entre los que más, me contaba que "después de trabajar se quedaba siempre con la solución que le parecía mejor, no con aquella que representaba mejor su idea inicial". Porque a nadie le importa nuestras cuitas personales, sino el resultado final que ofrecemos. Por eso, a veces, en las correcciones públicas de vuestros trabajos, cuando os oigo hablar de tantas intenciones que después no veo reflejadas en los dibujos, me preocupo.

Porque, digo yo, que las ideas son como las lianas de Tarzán o las muletas para el cojo, que sirven hasta que ya no sirven, y porque Tarzán salta de liana en liana, para ir avanzando. Quedarse en una misma idea, en una misma liana acaba por hacer que nos miremos el ombligo, con el resultado de la autocomplacencia y del más estúpido de los balanceos. ¿Verdad que lo visualizáis? Las piedras son espejos..."El cariño que pone en las piedras, las piedras te lo devuelven..." No conozco otra ley.

Jugar sin balón

Os contaba, en la corrección del último día, como las cosas no son siempre lo que parecen. Como las cúpulas de las iglesias, del románico al barroco, se revisten ya de pan de oro, ya se pintan de azul cielo, porque la cúpula es una metáfora de la bóveda celeste y el cielo es azul o dorado, según las horas, cielo de donde nos viene la luz de la Palabra, a menudo simbolizada por la que se filtra por la linterna que así se llama el elemento que a veces remata la propia cúpula.

Y os contaba, también, cómo cuando Le Corbusier construye esos cuernos que rematan sus edificios de Chandigarh en el fondo (además de construir una metáfora de los cuernos de la vacas o de los instrumentos astronómicos del magnífico observatorio de Jaipur) está construyendo una cúpula invertida, en la que una vez dentro, nos deja solos, en contacto directo con el cielo, como sucede con la cubierta terraza de la Tourette o, de otra manera, con la fachada inclinada del centro de jóvenes de Firminy, que nos cubre, pero sin cubrirnos. Porque uno para decir una cosa puede callarla, o decir su inverso. Porque los contrarios se tocan. Y, a veces, es más inteligente darle la vuelta a las cosas y jugar sin balón.

El misterio

García Lorca, el poeta vilmente asesinado en la Guerra civil española, decía "Sé que soy poeta. No sé, si por la gracia del Dios o del diablo. Peo sé que soy poeta. Y no por escribir poesía, sino por saber reconocer donde hay un buen poema". Y a mí que se me pone la piel de gallina. Porque quizás yo, quizás vosotros no lleguemos nunca a ser los arquitectos que queremos ser o quisimos un día, pero seremos, podremos ser arquitectos, en la medida en la que sepamos reconocer dónde está la buena arquitectura. Verde que te quiero verde, verde viento, verde mar...

Por otra parte, también, Albert Einstein dijo, en su búsqueda por la ecuación que uniese las fuerzas gravitatorias y electromagnéticas, y más allá del famoso "Dios no juega a los dados", que "la cosa más hermosa que un hombre puede sentir es el lado misterioso de la vida. En él están la cuna del Arte y la ciencia verdadera". Si, como dijera Auden, "la rosa es sin porque" quizás sabe más quien huele su fragancia que quien la deshoja para analizar sus pétalos al microscopio. Ese misterio -y esa fragancia- es lo que me gustaría hoy compartir, con todos vosotros y la que más ha movido a escribiros esta carta. Sin ánimo de dar lecciones a nadie.

Octavio Mestre / Boiano, agosto del 2007

Nota:

Han pasado ocho años desde que escribí este texto con el que ilustré la primera de las monografías publicadas con Monsa sobre nuestro trabajo, pero, al releerlo, me parece que no ha perdido un ápice de su vigencia y sentido. Y más en una monografía dedicada a la rehabilitación (el texto fue escrito para unos alumnos italianos, tras un curso de verano organizado por la Federico II de Nápoles con profesores de la Sapienza de Roma y el Politécnico de Milán, dado que en Italia apenas se puede hacer otra cosa que rehabilitar su ingente pasado). Algunos de estos proyectos ya han sido profusamente publicados, pero la edición de los libros que daban cuenta están hoy agotadas... otros son nuevos. A pesar de la crisis, uno ha seguido trabajando. Las causas por las cuales rehabilitamos suele ser la modernización de las instalaciones o un cambio de imagen, acorde con nuestro tiempo, el cambio de uso y, a veces, sólo a veces, el cambio de volumetrías. Es entonces cuando ya en remontas, ya en edificios contiguos, el diálogo entre las partes se hace más delicado, más interesante, como sucede en las viviendas de la calle Segur o en la ampliación y remonta de la Clínica de Aresa o de la sede de Levante. Las obras sobre las que hemos intervenido pertenecen a distintos momentos históricos; son Modernistas el Palau Macaya, nuestro propio despacho profesional o la Casa Oller, sede de Levante; son de los años 30 a 50 el Palacete, el edificio Minerva, en Prosegur debimos conjugar un patio gótico tardío (s. XVI) en un almacén de neumáticos de los años 70, mientras las oficinas en Londres lo son en un edificio Georgian, recientemente rehabilitado, la sede de la MM en BCN está en un edificio del siglo XIX, mientras la de Madrid es un conjunto de Gutiérrez Soto o la de Diagonal 409 de Eusebi Bona. El patrimonio no se ciñe a una época concreta. Todos deberíamos aspirar a que nuestras obras fueran, al mismo tiempo, contemporáneas con nuestro tiempo y, al mismo momento, patrimonio. Porque todo es susceptible de convertirse en patrimonio y nuestra única obligación es dejar el mundo un poco mejor que como lo encontramos.

REHABILITATION
DEALING WITH HISTORY
REHABILITACIÓN: TRATANDO CON LA HISTORIA